生活这件事，再难也别将就

蔡池◎著

中国纺织出版社有限公司

内 容 提 要

生活中有“小沮丧”，也有“小确幸”，我们不要把微小而幸福的事当作平常，而应当作一种恩赐。生活这件事，再难也别将就。

本书对人生中所遭遇的种种进行了倾情的讲述：工作不顺心怎么办，感情不满意怎么办，如何把生活过得更精致……书中对这些症结点给出了可行性的指导，告诉你：若你选择不将就，生活将完全属于你。

图书在版编目（CIP）数据

生活这件事，再难也别将就 / 蔡池著. --北京：中国纺织出版社有限公司，2020.11

ISBN 978-7-5180-7708-3

Ⅰ.①生… Ⅱ.①蔡… Ⅲ.①个人哲学—通俗读物 Ⅳ.①B821-49

中国版本图书馆CIP数据核字（2020）第140527号

责任编辑：王　慧　　责任校对：高　涵　　责任印制：储志伟

中国纺织出版社有限公司出版发行

地址：北京市朝阳区百子湾东里A407号楼　邮政编码：100124

销售电话：010—67004422　传真：010—87155801

http://www.c-textilep.com

中国纺织出版社天猫旗舰店

官方微博http://weibo.com/2119887771

三河市延风印装有限公司印刷　各地新华书店经销

2020年11月第1版第1次印刷

开本：880×1230　1/32　印张：6.5

字数：114千字　定价：39.80元

前 言

你每天过着将就的生活吗？拿着低廉的工资，只能租陈旧的房屋，想着：反正是租来的房子，何必花时间布置呢？装饰品也不用了，锅碗瓢盆也不太有利用的价值，这些都不用添置吧，甚至连被褥都是随意挑的，反正每天回来只是睡觉而已。一切都在将就地过着，所以最后的生活可能是这样：每天拖着疲惫的身体回家，屋里一片冷清，甚至还有些脏乱，心情显得更坏，随便喊个外卖，或者煮个泡面吧，一顿狼吞虎咽之后睡觉，一天就这样过去了。

或者，你做着一份谈不上讨厌，但也说不上喜欢的工作。当初看中这份工作，为的就是稳定有保障，虽然年纪轻轻，但好像看到了退休生活的悠闲。眼看身边的朋友同学投身创业热潮，尽管满是羡慕嫉妒，但还是安慰自己：就这样将就过吧，还去拼搏什么呢，何苦费那个劲儿！于是，每天按部就班地过着，工作也不付出全力，当一天和尚撞一天钟。

谈着将就的感情，做着将就的工作，过着将就的生活，这是现代多少人正在经历的人生。曾经意气风发的我们也有一个个“宁缺毋滥”的坚持，在生活的打磨下，最终，我们成为了那个最容易将就的人。生活可能不太容易，工作可能不太顺心，感情可能不太满意，但又没有更好的选择，那就将就地过吧。

哪怕工作繁忙艰辛，哪怕生活再艰难，我们也不应该选择将就的生活，别失去对生活的追求与兴趣，生活需要仪式感，否则留下的更多是遗憾。人生如海，潮起潮落，难道我们真的愿意这样将就过一生吗？每天忙碌追求的生活真的是你想要的吗？你说你要追逐更好的生活，那什么样的生活才是最好的？最好的生活没有绝对完美的标准答案，其实最好的生活就是不将就的生活，否则生活必将走向平庸的结局。

生活这件事，再难也别将就。困难只是暂时的，人生还有很长一段路要走，且行且珍惜，边走边享受，完成生活的仪式，认真对待每一天的生活，这才是最佳的生活态度。不将就，并不是说要过着奢侈的生活，而是认真对待生活的每个细节，把每天都过得很充实，所做的每件事都令人愉快。

作者

2020年3月

目 录

第01章
生活不止于谋生，是为了理想

相信世上大部分的人工作是为了生存，而非为了生活，因为他们总是在抱怨生活，每天生活在痛苦与枯燥之中，而忽略了生活本身带来的快乐。如果我们想要好好生活，就应该让生活成为生活，而不是简单的生存。

奔波和忙碌中，要记得内心的初衷

对于在大城市中生存和打拼的职场人士而言，生活的模式和在家乡小县城或在农村的生活是完全不同的；哪怕是与二三线城市对比，上海、北京等大都市的生活节奏，也明显不同。一个北漂族，为了节省租房的开支，住在五环外的城中村里。每天早晨五点多钟，他就要起床，用最快的速度洗漱，然后搭乘公交车赶到地铁站。到了地铁站，从五号线天通苑北站的限流闸，随着如同长蛇般蜿蜒曲折的人流朝里走，仅是进入地铁就要十几分钟。可想而知，人流多么密集，只怕患有密集恐惧症的人是无法在清晨早高峰时期坐地铁的。好不容易挤上地铁，如果不用换乘就能到单位，当然很好，但是大多数人或者需要换乘其他的地铁路线，或者还需要换乘公交车。就这样，说是让人幸福的朝九晚五，实际上五点多起床，至少要八点钟才能到单位。可以说，在北京，一个多小时到单位是很正常的时间，稍微远些，就要两个小时，甚至更长的时间。晚上下班五点半，看似太阳老高呢，回到家里却已经披星戴月了。生活和工作在大城市，每个工作日要在路上至少耗费三个小时的时间，这是莫大的悲哀。

尽管现实很残酷，但是人们对此无计可施。或者继续坚强地生存，或者回到家乡，回到那已经不适应了的闭塞地方。记得前些年曾经在大城市兴起一股回乡潮，很多年轻人难以忍受大城市的紧张生活和节奏，也不愿意再背负着那么沉重的压力，因而选择回到家乡发展。但是，一两年之后，他们之中很多人又选择回到城市，因为故乡对于已经习惯了城市生活节奏的他们而言，已然变成了异乡。所以朋友们，朝九晚五的日子，帮助你们实现梦想了吗？你们在日复一日的奔波和忙碌中，是否忘记了内心的初衷呢？无论怎样，生活总要继续下去，我们只能面对，不能逃避。

现代职场上，很多职场人士因为巨大的压力和紧张忙碌的节奏，很容易对现状感到厌倦。因而，如今的职场跳槽情况非常普遍，尤其是那些刚刚大学毕业走上工作岗位的大学生，更是因为心态浮躁，根本无法静下心来面对生活。这也难怪，当我们不断努力，挣扎着坚持着时，却并没有距离梦想越来越近，我们难免会感到失望沮丧，甚至对自己的现状产生怀疑。其实，就像日本马拉松选手山田本一夺冠一样，我们可以把人生的远期目标进行规划和合理分割，从而使其变成很多个经过努力有望实现的小目标。这样一来，我们努力之后实现目标，自然会受到鼓舞，也会具有更强的信心。此外，为了避免对工作失去兴致，我们还可以尽量为自己找到一份感兴趣的工作。众所周知，兴趣是最好的老师，如果我们能从事自己喜欢的工作，那么，除了维持生计、养活自己的目的之外，就又多了一个更好的目标，那就是做自己喜欢做的事情。如此，我们自然更容易燃起激情和热情，也会对工作更多一分动力。

当然，仅仅努力工作，朝九晚五，还是不够的。如今的时代信息大爆炸，知识大爆炸，知识更新的速度非常快，很多大学生一毕业就发现自己在学校里辛辛苦苦学习和掌握的知识已经落伍了。如此一来，他们如果不保持持续学习的精神，只是依靠在大学校园里学到的知识去工作，那么他们最终必然会落后。生在这个日新月异的时代，我们就要与时俱进。

此外，一味地苦干也是没有用的。现代社会，人际关系被提升到前所未有的高度，成为非常重要的资源之一。因而，要想追逐梦想，获得成功，我们还要扩大自己的人脉，经营好人际关系，这样才能让我们的人生长出翅膀，尽情翱翔。

毋庸置疑的是，每个人的人生都不会是一帆风顺的。我们唯有处处用心，刻苦钻研，多多动脑筋，开阔自己的眼界，提高自己思想的高度，才能最终成就理想人生。

放下无止境的追逐，放下不知足的欲望

现代社会，人们常常抱怨活着真累。而人为什么活得累？就是因为要的东西太多。情感、物质、名利，不但要拥有，还要拥有最好的。于是乎，追求无止境，好不容易得到了，又这

山看着那山高。于是乎，还得追求，还要奋斗。好不好呢？好。人如果没有了追求，岂不成了行尸走肉！但凡事有度，如果让人生成为对一个个结果的追求而忽视了享受的过程，那就本末倒置了。毕竟，不是每个人都能成为比尔·盖茨，也不是每个人都能成为商界精英、政界豪客。所以，要想活得轻松，就得学会放下。放下无止境的追逐，放下永不知足的欲望，如此，你收获的就是一颗平常心，一份淡然的快乐！

有一家大公司准备用高薪雇用一名小车司机。经过层层筛选和考试之后，只剩下3名技术最优良的竞争者。主考官问他们："悬崖边有块金子，你们开着车去拿，觉得能距离悬崖多近而又不至于掉落呢？"

"二公尺。"第一位说。

"半公尺。"第二位很有把握地说。

"我会尽量远离悬崖，越远越好。"第三位说。

结果第三位竞争者被留了下来。

可见，对于诱惑，你没有必要去和它较劲，而应离得越远越好。

在物质财富极大丰富、文化多元的现代社会，人们的需求不断地膨胀，人们很容易在对目标的盲目追求中逐渐迷失了自我，像一艘失去航向和动力的大船，或远离航道，或停滞不前。事过之后才清醒，却只能追悔莫及，抱憾终生。可悲的是，现实生活中的一些人，总是不安于现状，他们总有无止境的追求，于是，便在这所谓的追逐中失去了原本快乐的自我。

可能很多人都曾经有过这样的经历：

很多年前，你过着贫穷的生活，你买不起这，买不起那，甚至食不果腹，那时，你告诉自己，一定要成为世界上最幸福的人，在心中，你可能已经不知不觉为自己今后的幸福建立了目标：

一、买一套自己的住房和一辆车子；

二、开一家自己的小公司，有几个甚至几十个人可以听从自己的指挥；

三、娶一个贤惠美丽的妻子，再生一个可爱的孩子；

四、存款达到未来十年衣食无忧的状况。

这四种幸福的向往，可能已经在后期的工作和生活中一一实现，可你真的感到幸福了吗？你是不是觉得自己依然每日在不知所措的情况下活着，是不是觉得自己的目标还没有实现？那些短暂的喜悦过后，你是不是依然觉得自己所有的努力和奋斗并不能真的让你感受到快乐？

对此，你思考过没有？如果你没有那么多的追求，懂得享受当下的幸福，那么，又会是什么样的心情呢？

哲人说过，生活中缺少的不是美，而是发现美的目光，其实，同样，生活中缺少的不是幸福，而是人们不懂得放下。为此，我们需要放下无止境的追求，保持平常心，学会享受阳光雨露，训练自己对幸福的敏感。

人们常说："欲望无止境。"的确，尤其是对物质欲望、富贵荣耀、名利的追求，更是无穷无尽，而这，很可能会让我们迷失自己；只有保持一颗平常心，拿捏好尺寸，才能得之淡然、失之坦然，才能合理地节制自己的欲望！

保持一颗平常心，是人生的一种智慧。有一颗平常的心，才能正视现实，甘于平凡，才能收获一份最本真的快乐！

当然，我们要摒除对目标的无止境追求，并不是说我们应该摒弃梦想、甘当平庸之人，而是要我们在追求目标的过程中懂得珍惜当下、体味幸福。那么，我们如何做到在追求目标的同时不迷失自己呢？

第一，树立正确的人生态度。

人生态度，是贯穿于人的一生的，它具体表现在人们对于人生所遇到的每个问题的态度，这种态度决定了人们的行为。当然，人们的人生态度不同，在人生的每个阶段上的态度也有所不同，但正是因为人生的态度的不同，才引发了不同的人生结果。

一个人只有拥有正确的人生态度，才能正确处理好人生道路上的种种问题，才能获得成功、圆满的一生，否则，他不仅会在每个具体问题上失败，他的一生也不会有一个好的结局。

第二，坚信自己的梦想。

据说，有一次，爱因斯坦上物理实验课时，不慎弄伤了右手。教授看到后叹口气说："唉，你为什么非要学物理呢？为什么不去学医学、法律或语言呢？”爱因斯坦回答说：“我觉得自己对物理学有一种特别的爱好和才能。”

这句话在当时听似乎有点自负，但它真实地说明了爱因斯坦对自己有充分的认识和把握。

孔子曾说过一句很有名的话：“富与贵，是人之所欲也，不以其道得之，不处也。贫与贱，是人之所恶也，不以其道去之，不去也。”意思是：富贵是每个人都想要的，但如果不是用光明的手段得到的，就不要它。贫贱是每个人所厌恶的，但如果不是以正大光明的手段摆脱的，就不摆脱它。也就是说，我们每个人都有追求成功和幸福的权利，但要以正确的方式摆脱贫穷获得财富，否则，我们只会失去最简单的快乐。

把握人生，活好当下的每一天

一个人如果抛弃了今天，那么他最终也会被今天抛弃，甚至失去自己珍贵的生命的一部分宝贵光阴。每一个成功的人，每一个充分实现了人生意义和价值的人，无一不是能够抓住今天的人。一个人如果总是与今天失之交臂，其人生的质量就会下降，甚至长度和宽度也会缩水，这一点是毋庸置疑的。遗憾的是，总有些人喜欢自欺欺人，他们就像一个不称职的和尚一样，当一天和尚撞一天钟，只盼着白天的时间早早过去，这样就能进入休闲的阶段，度过莺歌燕舞的夜晚。如果人生只剩下享受，那么享受就会变成空虚的代名词，人生也会随之堕落，失去现实的意义。

要想把握住人生，毋庸置疑，必须活好当下的每一天。大凡成功的人，都能做到充实地过好每一天，点点滴滴地努力着，持续积累着人生的资本，执着于自己感兴趣的事情，坚持不懈地付出。而大多数人生中的碌碌无为者，无一不是懵懂度日，在生活和工作上都蒙混过关的。

在深山里，有一个寺庙。寺庙里有一个老和尚，带着很多小和尚。有个叫悟空的小和尚，每天清晨都要负责清扫落叶。秋天到了，他即使每天扫好几遍，只要有大风吹过，院子里也马上会有很多落叶。为此，悟空觉得很辛苦，因为负责其他卫生工作的小和尚都很清闲，唯独他必须马不停蹄地扫落叶。他每天都在想啊想啊，只想找到一个好办法，能够让他一次就扫除所有的落叶。

这天午后，悟空又在愁眉苦脸地凝神细思。小和尚悟净看到之后，问："悟空，你怎么了？"悟空忧愁地说："秋天到了，总是不停地有树叶落下来，怎么扫也扫不干净。"悟净哈哈大笑，说："这个问题还不简单嘛，只要你在扫之前，抱住树干使劲地摇晃，树叶就一定会全都掉下来，这样你不就可以一次扫干净了么！"悟空觉得悟净说得很有道理，马上照着悟净说的去做了。他虽然累得满头大汗，但是心里很轻松，他暗暗想道：这下子我终于不用每天都清扫落叶了！但是等到第二天起床，悟空傻眼了，原来满院子依然都是落叶，就像是他从未打扫过一般。悟空目瞪口呆地站在那里，不知所措。老和尚看到他的样子，问清楚缘由，说："傻孩子，凡事都有规律，你只需要负责你今天的工作，又何必为了明天的到来而担忧呢！等到明天，经过一夜的休养生息，你又会活力充沛啦！而且，就算你很用力地摇晃树木，到了明天，依然会有树叶飘落，又何必要违背事物发展的规律呢！"

老和尚的话不但教给小和尚深刻的道理，也给我们以启迪。人生中有无数的未知即将发生，我们既不需要沉湎于过去，也无须为了未来忧愁。只有按照事物发展的规律坦然接受大自然最好的安排，我们才能顺势而为，心怀坦荡，再也不会为了还未到来的事情寝食不安。

曾经有位名人说，在我们的生命中，"现在"是唯一的存在。任何情况下，"过去"和"未来"都不是并存的，我们无须为此耿耿于怀。只有充实地度过当下，把握好人生中每一刻的现在，我们才能更好地享受生命，不虚此生。假如一个人每时每刻都在为了未来而苦恼，无法全心全意地面对当下的生活，从而对当下的幸福视若无睹，那么他的人生必然局促、僵硬，甚至充满了各种不完美。朋友们，一定要记住，若你预支了明天的烦恼，你今天的幸福也会随之悄然溜走，而明天的烦恼却依然存在。如此得不偿失的买卖，相信没有哪个聪明人愿意做吧！从现在开始，就让我们怀着感恩的心拥抱每一个此刻吧，因为每一个此刻都是我们生命中不可重来更不可复制的。

发挥潜能，把喜欢的事情做到极致

现代社会，很多大学生毕业之后根本没有机会从事自己的专业相关的工作，更别说是从事自己感兴趣的工作了。迫于生存的压力，很多应届大学毕业生都会迫不及待地找工作，也有些大学生抱着骑驴找马的心态，先找份工作干着，再寻找其他合适的工作。其实，大学毕业的最初几年里是最宝贵的光阴，这个阶段的人还没有结婚生子，因而没有家庭的负累；在工作上，这也是最有创造性和积累经验的阶段。如果白白浪费这几年的时间，就会让自己的工作经验得不到积累。相反，那些慎重对待找工作且找到理想工作的大学生，几年下来，往往已经为自己争取到了很大的发展，也给自己在行业内或者公司里奠定了一定的基础。

所谓兴趣，顾名思义，是人们感兴趣的事情。从心理学的角度来说，人们在从事自己感兴趣的事情时，才能具有强烈的心理倾向，从而帮助人们事半功倍。兴趣与情绪也是相关联的，对于自己感兴趣的事情或者工作，在做的过程中人们难免产生亢奋的心理，即便遇到困难，也能不遗余力地战胜困难，或者还能在做的过程中体验到巨大的幸福感，从而使进展更加顺利。尤其是在职场上，兴趣更是影响人们进行职业定向和职业选择的重要因素，对于自己感兴趣的事情，人们才能更好地发挥潜能，把事情做到最好。因而有名人曾说，兴趣是人类的第一位教师。

曾经，有位历经一生辛苦，终于把自己的事业发展壮大的成功人士，一心一意想要儿子学习金融，继承他的产业。为此，在儿子高考落榜之际，他四处托人找关系，把儿子送到国外最好的学校学习金融。然而，他的儿子并不喜欢金融，反而对烹饪特别感兴趣。曾经有段时间，儿子经常和他说自己喜欢烹饪，他都不以为然。

等到儿子学成归来之后，这位富人马上把公司交给儿子打理，儿子果然没有辜负富人的期望，把公司打理得井井有条。但是，富人总觉得儿子的脸上少了些什么。前段时间，富人突然生病了，儿子每天都奔波于医院和公司之间。有一天下午，儿子兴冲冲地来到医院看望父亲，还带来了自己亲手烹饪的美食。富人吃着儿子带来的美食，突然发现儿子脸上多了一个东西，那就是发自内心的微笑。父亲很清楚，儿子打理公司并不快乐，他最想做的还是与美食打交道。看着儿子快乐的样子，富人暗暗下定决心，等到病好之后重新接管公司，让儿子继续去做他喜欢的事情。

每个人都有着不同的兴趣爱好，也许别人不喜欢做的事情，恰恰是我们愿意付出所有心力努力去做的。事例中的富人从儿子脸上久违的微笑读出，虽然儿子勉为其难地接受了公司的一切事务，但是他并非心甘情愿。对于人生而言，最重要的是什么呢？当然是幸福快乐。做父亲的终究不忍心剥夺儿子的快乐，因而改变思路，决定放儿子去做他自己喜欢的事情。

对于自己不喜欢的事情，人们是不会努力去做的。兴趣，不但是人类的第一个老师，也是人们为人处世的第一动力源泉。因而，我们每个人都应该努力找到自己认为值得做的事情，自己愿意付出一切努力去做的事情，这样才能让人生多一些成功的可能。例如，爱迪生一生都在与实验室打交道，却从不以为苦，而且常常感受到巨大的快乐。为什么在常人眼中枯燥乏味的工作对于爱迪生而言却如此快乐呢？这就是兴趣使然。即使承受无数次失败，在兴趣的驱使下，爱迪生依然能够坚持不懈地继续尝试，直到成功。仅就这份毅力，就与兴趣有着密切相关的联系。

甘于平庸，最终也只能平庸

有人说，世界就如同一个棋盘，而人就像一个“卒”，冲过“楚河汉界”之后方可横冲直撞，实现自己的人生价值。的确，每个人都被一个无形的界限约束着、限制着，一些平庸的人不敢突破界限，只是规规矩矩在界内生活、工作，最终也只是碌碌无为；而有的人却最敢于突破界限，这是因为他们对成功、对未来的美好生活有着强烈的欲望，在欲望的激励下，他们敢于摆脱那些繁文缛节的束缚，也因而欣赏到了界外不一样的风景，领略了界外不一样的精彩，活出了非同寻常的精彩人生。

在我们的身边，我们常常听到一些庸庸碌碌的人感叹命运的不公，他们总习惯于把自己的艰难归咎于命运，事实上，世上真正的救世主不是别人，而是自己。你完全可以摆脱曾经消极的想法，成为一个积极向上的人。培养自己的热忱，找到自己的目标，我们就能为现在的自己做一个准确的定位。如今在一家外企做人力资源主管的乔治的一次经历，或许可以给我们一些启示：

我刚应聘到这家公司供职时，曾接受过一次别开生面的强化训练。

那是在青岛的海滨度假村，我和同伴们沉浸在飘忽而又幽婉的轻音乐声里，指导老师发给每人一张16开的白纸和一支圆珠笔。这时，主训师已在一面书写板上画了一个大大的心形图案，并在图案里面写上了三个字——我无法。

然后，要求每个成员在自己画好的心形图案里至少写出三句“我无法做到的……我无法实现的……我无法完成的……”，再反复大声地读给自己、读给周围的伙伴们听。

我很快写出三条：

我无法孝敬年迈的父母！

我无法实现梦寐以求的人生理想！

我无法兑现诸多美好愿望！

接着，我就大声地读了起来，越读越无奈，越读越悲哀，越读越迷茫……在已变得有些苍凉的音乐里，我竟倍感压抑和委屈，泪眼模糊起来。

就在这时，主训师把写字板上的“我无法”改成了“我不要”，并要求每位成员把自己原来所有的“我无法”三个字划掉，全改成“我不要”，继续读。

于是，我又接着反复地读下去：

我不要孝敬年迈的父母！

我不要实现梦寐以求的人生理想！

我不要兑现诸多美好的愿望！

结果，越读越别扭，越读越不对劲儿，越读越感到自责和警醒……

在轰然响起的《命运交响曲》里，我终于觉悟到：原来许多所谓的“我无法”，其实是自己“不要”啊！

而此时，主训师又把“我不要”改成了“我一定要”，同样要求每位成员把各自的所有“我不要”三个字划掉，全改成“我一定要”，继续读。

我一定要孝敬年迈的父母！

我一定要实现梦寐以求的人生理想！

我一定要兑现诸多美好愿望！

越读越起劲儿，越读越振奋，越读越有一种顿悟后的紧迫感……在悠然响起的激荡人心的歌曲里，我豪情满怀，忽然有一种天高路远、跃跃欲试的感觉和欲望。

真正改变人生的，往往就是我们的态度。甘于平庸，最终也只能平庸。西云有句话说得好，“要把命运掌握在自己手里”。他们认为，如果一味地将自己的命运交由别人主宰，在逃避掉所有的责任与打击的同时，我们还将失去作为一个人的自信，以及依靠自己努力获得成功之后的幸福感和成就感。

因此，生活中，我们任何一个人都应该明白，最大的危险不在于别人，而在于自身。如果一个人总是意志消沉、不思进取，那么，即使曾经的他有再大的雄心和勇气，也会被抹杀，他最终也会滞足不前，一生碌碌无为。我们只有绝不甘于平庸，为自己的人生负责，做与众不同的人，才有可能触及理想与幸福。

实际上，从平庸到优秀只有一步之遥，但有的人终其一生也无法跨越。只有产生强烈的成功的欲望，你才能做到拒绝平庸，你才能做到迈向卓越。有了尽最大的努力把事情做好的志向，不断对自己提出严格的高标准，你就会赢得别人的尊敬，做出令人吃惊的成绩。

从现在开始努力，经营你的未来

我们都知道，五年的时间不算短，你能从学生变成一名成熟的社会人士，你能掌握学习到精湛的技术，但前提是你必须要有梦想、目标。在当今，如果注意力仅仅盯着眼前的薪水，满足于手头的工作，而不去提升自己的水平，去发现更辽阔的天空，我们又怎能在未来为自己赢得一片天地呢？

我们先来假设一下，有两个年轻人，他们能力不相上下，也都一无所有，一个年轻人总是积极向上，每天干劲十足、努力充实自己，即便遇到挫折，他依然鼓励自己不能消极；另外一个年轻人，他目标模糊、满足于现状，每天浑浑噩噩、得过且过。想象一下，五年后，他们会有什么不同？

的确，尽管只是五年的时间，他们的差距已经显现出来了，前者通过自己的奋斗，已经小有财富，做人办事顺风顺水，事业越做越大、春风得意，而后者，稍微遇到一些问题，便慨叹自己解决不了，每天活在抱怨中，常常为生计、金钱而苦恼。

这两种人，你想做哪种？当然是第一种！任何人，要想实现自己的梦想，要想过上自己喜欢的生活，就要有奋进的欲望，并且，如果你现在不开始努力的话，一切都是空谈。

任何一个有一番作为的人，无不是认识到了只有努力才能改变现在的状态，只有努力才能营造出美好的五年。其实，只要你从现在开始就努力，只需要五年的时间，你的生活和生存状态就会发生翻天覆地的变化。我们再来看下面的一个故事：

杰斐逊是一名普通的汽车修理工，靠这份工作生活，生活勉强，但是他的目标并不在此，他希望自己能拥有一份更好的工作。

一次，他打听到，汽车城底特律正在招聘员工，他心想，可以前去试试。当时招工广告上所写的招聘日期是星期一，所以，他在前一天下午就到了底特律城。

晚饭后，一个人待在旅店里，他突然静下心来，想到很多事，很多过去经历的事像电影般在脑海中播放了一遍。突然间，他感到一种莫名的烦恼，他自认为自己头脑灵活、做事勤快，为什么到现在一事无成呢？

接下来，他从包里拿出来纸笔，然后写下了几个人的名字，这些人和自己年纪相仿、认识已久，关键是比自己优秀，其中两位曾是他的邻居，而如今却搬到富人区去了，还有两位是他以前的老板。

他扪心自问：与这4个人相比，到底自己在哪方面不如他们？自己真的笨吗？倒不尽然。很长一段时间的反思后，他找到了问题的症结在哪——自己性格情绪的缺陷。他承认，在这一方面，自己确实不如他们。

想着想着，不觉已经到了凌晨的三点多了，他却越发睡不着，他觉得这些年来第一次认清了自己，看到了自己致命的缺点：很多时候不能控制自己的情绪的缺陷，如爱冲动、自卑，不能平等地与人交往等。

所以，他为这一问题检讨了自己一晚上。他这才发现，自己是一个极不自信、妄自菲薄、不思进取、得过且过的人；他总是认为自己无法成功，也从不认为能够改变自己的性格缺陷。

最终，他下定决心，从那一刻开始，绝对不会再自贬身价、认为自己不如人了，只有先完善自己的性格缺陷，才有可能变得优秀。

第二天一大早，他抬头挺胸来到了这家公司，信心满满地前去面试，顺利地被录用了。在他看来，之所以能有这样一个工作机会，就是因为头一天晚上他作了自我检讨并认识到了自信的重要。

在走马上任的两年内，杰斐逊逐渐变成了一个受大家欢迎而且能力出众的人，大家都喜欢这样一个乐观、自信和积极热情的人。两年后，他加了薪水，又升了职，成为一个小有成就的人。

生活中，很多人像曾经的杰斐逊一样，忙忙碌碌，日复一日。固定的生活模式成了一种必然，但成功并没有青睐他们，为什么会这样呢？之所以造成这种结果，很大一部分原因在于他们的目光看得不够远。

俗话说，精明的人看得懂，高明的人看得远。对于那些身处职场的人来说，即便他们从财务那里领到的薪水再多，也是来源于老板的，而那些看得远的人则不仅看到自己的薪水，更懂得经营自己的未来，让财路源源不断。

可能很多人一直感叹于他人的成功，也很容易想象自己勇敢的时候是什么样子。但是当突然需要他们拿出勇气时，他们又有点不知所措：他们其实一点也不勇敢，还会因为恐惧而感到恶心。我们甚至可以用“意志薄弱”“两腿打颤”“脚底发凉”以及“战战兢兢”等词语来描述他们在畏惧时的状态。事实上，我们每个人在人生路上都需要勇气，但很多人因为畏惧而退缩了，这才是人生的悲剧。去做你所恐惧的事，这是克服恐惧的一大良方。

第 02 章

有时看似没路，其实是该拐弯了

美国知名政治家斯特拉曾说："对自己而言，最重要的不是别人如何看待你，而是你如何看待他们。"生活中遇到复杂的事情时，不能总是一味地坚持，或无法应对时就束手无策，别一条道路走到黑，对走不进的世界，就帅气地转身离开。

别试图让所有人都喜欢你

诗人但丁曾说：“走自己的路，让别人去说吧。”的确，我们不可能获得所有人的支持和认同，面对他人的不喜欢，我们应该持有坦然的态度。

我们不难发现，那些真正的成功者多半都是特立独行的，他们从不奢求让所有人喜欢他们，在追求成功的道路上，他们也听到了一些他人的闲言碎语，但他们始终坚持做自己，坚持自己的信念，最终，他们成功了。因此，生活中的我们也要学会明白一个道理：让所有人都喜欢我们是很不成熟的想法，不必委曲求全，做好自己，你才能获得快乐。

把事情做好的方法有很多，但首要的一条就是“不要试图把所有的事情都做好”；处理人际关系的准则也有很多，但最重要的一条是：“不要试图让所有人都喜欢你。”因为这不可能，也没必要。

有人问孔子：“听说某人住在某地，他的邻里乡亲全都很喜欢他，你觉得这个人怎么样？”

孔子答道：“这样固然很难得，但是在我看来，如果能让所有有德操的人都喜欢他，让所有道德低下的人都讨厌他，那才是真正的君子呢！”

美国前任国务卿鲍威尔这样总结自己的为人处世之道，与两千年前的孔子有异曲同工之妙：“你不可能同时得到所有人的喜欢。”世界上确实有不少人，你越是努力和他结交，努力给他帮忙，他越是不把你放在眼里。反之，如果你做出成绩了，又不狂妄自大，自然能赢得别人的敬重。

即使你做得再完美无缺，也没有招惹任何人，仍然会有人看不惯你，仍然会有很多不利于你的传言。对某些心胸比较狭隘的人来说，你不需要招惹他，你在某方面比他优秀，这就已经招惹他了。

但其实反过来一想，无论你怎么做人做事，总是有人欣赏你，让所有人喜欢是件不可能的事，想让所有人讨厌也不那么容易。球星贝克汉姆也曾说：“你无法让所有人都喜欢你。”我们来看看他的一次经历：

2009年，他在回归洛杉矶银河队后的首个主场比赛中遭到了球迷的嘘声和抗议，但是“万人迷”贝克汉姆并不在意，他表示要想让所有人都喜欢自己是不可能的。

赛后接受美国当地媒体的采访时，贝克汉姆表示自己并不在意球迷的嘘声，他说：“我不在乎。你不可能让所有的人都喜欢你。”在当天的比赛中，贝克汉姆用场上出色的表现回击了来自球迷的嘘声。银河队打入的两个进球都和他有关，其中一球还得益于他的直接助攻。

就连曾经公开批评过贝克汉姆的银河队球员多诺万也表

示：“如果大卫一直保持这样的状态，我确信他最终能赢回球迷的支持。”

的确，要想打破他人的成见，我们最应该做的就是做好自己，用实力给他们致命的一击，正如贝克汉姆的表现一样。当然，即使那些偏见永远存在，也不必为之伤脑筋。你做任何事情，来自外界的评价都是两方面的，所以不要只看到杯子有一半是空的，还应该看到它还有一半是满的。对于别人的批评，有则改之，无则加勉，但没有必要影响自己的心情；对于看不惯你的人，如果他发现了你的缺点，你应该勇于改正，如果是误会，你应该解释，解释不清，就不去解释，不妨敬而远之，敬而远之尤不可得，就避而远之。

你需要记住的是，你的家人是爱你的，你也有那么几个和你互相欣赏互相尊重的朋友，做人做事无愧于心，就没必要在乎那些少数人的眼光。

生活的一切都无须比较

很久以前，有两个鱼缸。有一只鱼缸里有两条金鱼，另一只鱼缸里有一只金鱼。金鱼们每天在自己的鱼缸里看着对方，都觉得对方的鱼缸更大。因此，它们央求主人把它们互相调换。然而，换了缸之后，它们才发现这两只鱼缸是一样大的。

这三只金鱼瞎折腾一通，虽然没有达到自己的理想，但是也没有太大的损失。生活中的有些人，命运可就没有这么好啦。他们总是觉得别人的生活比自己好，恨不得倾尽所有去换他们想要的生活，等到终于过上了自己想要的生活，他们却又发现还是自己原来的生活好。然而，此时，他们已经回不去了。

2015年，电影《夏洛特烦恼》在国庆档大热。影片中，主人公夏洛得不到初恋的情人，就在情人的婚礼上出洋相，被和他同甘共苦的妻子追得一头躲进厕所里，然后做了一个漫长的梦：他最想要面子，在梦里，他变成了明星，拥有初恋情人当老婆，还开豪车，住豪宅。然而，繁华背后是无边的落寞，最终他还是愿意失去既得的一切换回马冬梅。这个梦是多少人生的缩影啊，只不过大多数人求之而不得，所以整日念念不忘没有得到的生活。相比之下，夏洛很幸运，因为他在梦里知道了生活的真谛，这个梦挽救了他梦外的生活。从此之后，他只爱自己的结发之妻马冬梅。人生之中，这样的情况太多见了。很多女人都觉得自己老公没有别人好，很多男人都觉得自己老婆没有别人的漂亮；看到别人新买的房子，你会问自己为什么不也买一套，瞬间就觉得自己原本温馨的小家变得肮脏邋遢起来；看到别人开好车，你最初对爱车的爱已经消失殆尽，甚至有点觉得它丢了你的面子……我们总是羡慕别人的生活，却从来不知道别人是否真的幸福。

我们自以为看清了自己的生活，也明白别人的生活。其实，人的眼睛长的位置就决定了，我们只能看到别人的光鲜亮丽。很多人都意识不到自己是身在福中不知福，而只觉得别人过得比自己好多了。其实，你看到的只是表象，你看不到别人心里的苦。这就像鱼缸里的鱼一样，羡慕别人，忽视自己。我们应该珍惜自己所拥有的，不要盲目羡慕别人。首先，别人有你看得到的幸福，也有你看不到的痛苦；其次，别人的幸福未必适合你，这就像谈恋爱，萝卜白菜各有所爱，一个人总会找到真正适合他的另一半。千万不要等到失去了再后悔，你的人生不会像夏洛的梦一样醒过来。一旦失去，就很难再失而复得。

周末，许久不见的好友丽给我电话，邀请我带着孩子去她家做客。坦白说，我不是很想去。丽是我大学时代的好友，后来，她嫁给了一个很有钱的商人，而我的先生就是一名普通的公务员，每个月几千元薪水，日子过得捉襟见肘。这就是生活，转眼之间，丽的生活与我有了天壤之别，渐渐地，我们的交往就淡了。我们见面，有什么可聊的呢？聊她的名牌化妆品，高档时装？我连听也没听过。聊我的柴米油盐酱醋茶，丽不会感兴趣。我去了，无非是像刘姥姥进大观园一样，眼巴巴地欣赏人家的幸福。然而，丽的语气非常诚恳，我想，我还是去吧，毕竟是好朋友。

和我想象中的一样，丽的家非常宽敞，挑高大厅悬挂着水晶灯，极尽奢华。硕大的厨房，还有专门的藏酒柜。丽家的地下室是一个很宽敞的家庭影院，旁边就是健身房，和淋浴桑拿间。想想我们每次想看电影要走那么远，而这一切，丽家都应有尽有。最让我震撼的是孩子的玩具间，我家柳柳一进房间，就惊呼了一声。全套芭比娃娃摆放在那里，整整齐齐，就像等着小主人检阅的士兵。看着丽的女儿露丝漫不经心地拿起一个芭比娃娃送给柳柳，我的心里有点儿难受。不过，柳柳倒是很高兴，她已经央求我很久，想要一个芭比娃娃了。

孩子们留在玩具间玩耍，丽继续带着我参观她的家。终于参观完了，丽把我拉进书房，我们坐在阳光倾泻而下的落地窗旁，吃着水果喝着咖啡，终于有时间说说各自的生活。我发自内心地说："丽，你太幸福了。你知道吗，这是多少人梦寐以求的生活啊！奢华的别墅，帅气而又有钱的老公，还有如此漂亮的女儿，你真是招人忌恨啊！"丽怅然若失地说："你知道吗，娜娜，我其实心里很羡慕你。""羡慕我？"我惊讶地张大嘴巴，"我有什么好羡慕的？你可真是身在福中不知福啊！"丽吃了块哈密瓜，露出奇怪的表情，似乎哈密瓜很寡淡，一点滋味都没有一样。她幽幽地说："你知道吗？我守着这个大房子，觉得很寂寞。我以前常常听你说你们一家三口挤在小小的房子里，如果爷爷奶奶偶尔过去，还要和孩子睡上下铺。我很羡慕。我家的房子大多数都空着，除了佣人，就是我和露丝。我老公实在太忙了，他很少回家。你知道吗，每当看到你在朋友圈里晒着你们一家三口出游，我就特别羡慕。我有多长时间没有一家三口一起吃晚饭了，你都难以想象。有的时候，我会想象着你曾经说的，你和你老公一起在厨房做饭，他总是给你帮倒忙，却赶也赶不走，在你身边絮絮叨叨地说话，陪你做饭。我渴望那样的生活，真的。”听了丽的话，我似乎有点儿理解她了。我先生偶尔出差走几天，我都觉得家里空空的，如果让我像丽一样独自守着家，漫无天日的，我肯定会被逼疯的。我建议丽出去工作，这样就能多多接触社会，排遣寂寞无聊的时光。

从丽家里出来，我没有像预想的那样对自己的生活百般挑剔，反而更加心安了。女儿走在我身边，说：“妈妈，露丝真可怜，她都没有小伙伴玩，只能玩玩具。咱们下次出去玩的时候，带上她吧，我再多找几个小伙伴一起，好吗？”我笑着点了点头。

人总是这样，这山望着那山高。其实，真正想明白了，就会知道一切都无须比较。每个人都有自己的生活，别人的生活再好，也不可能将其据为己有。生活中，真正获得幸福的人往往不会拿自己与别人比较，因为比较是一切苦恼的来源。即使是在工作中，我们也只需要尽心尽力地做好自己的事情。凡是成功的人，都是脚踏实地做事的人，比较，也是为了博取众长，而不是为了自寻烦恼。

有理想的人生，如同插上了翅膀

人们常说，心有多高，舞台就有多大。还有人说，志向有多么高远，人生就有多开阔。无疑，这些话都是非常有道理的，只要不走入唯心主义的极端，在合理范围内，人的志向是否高远，与人生的开阔有很大关系。试想，如果一个人鼠目寸光，最大的理想就是当村主任，那么他怎么可能最终成为美国总统，或者是富可敌国的大富豪呢！也许有人会说，即使一个人每时每刻都在梦想着成为总统，也未必真的能够成为总统。不过呢，如果一个人真的一心一意地想要成为总统，并且为此而不懈努力，那么他的人生肯定不会太差劲。

有理想的人生，就像是插上了翅膀，总是那么意气风发，斗志昂扬。如果把一个目标明确且志向高远的人，和一个目标不那么明确且没有人生理想的人放在一起比较，我们就会发现，前者每天都过得非常充实，甚至走路也虎虎生风。相比之下，没有目标的人则整体浑浑噩噩，根本不知道自己应该做些什么，时间的利用率也特别低。总而言之，不管是谁，要想拥有充实的人生，就一定要为自己制订明确的目标，只有在目标的指引下，我们才能一往无前。

虽然目标对于人生的意义如此重要，但是心理学家经过调查发现，生活中至少有九成的人缺乏明确的目标。因而，为了督促自己始终牢记心中的远大目标，也鞭策自己时刻按照目标的指引勇往直前，我们可以把目标写下来，放在显眼的地方。如此日久天长，想要忘记目标也是不可能的，也许一步一步地，你就距离目标越来越近了。

1952年7月4日清晨，一个已经43岁的女人在卡他林纳岛上作好了下海的准备。原来，她叫费罗伦丝·查德威克，准备横渡海峡。当时，加利福尼亚海岸被浓浓的雾气笼罩着，但因为早就制订好计划，所以只能按照计划进行。因为天气条件恶劣，她浑身被刺骨的海水冻得麻木，虽然明知道护送她的船就在很近的地方，但是浓雾遮挡了她的视线，她甚至只能看到十几米远。时间一分一秒地过去了，在漫长的等待中，人们盯着电视屏幕，亲眼看到护送人员开枪吓跑了鲨鱼。直到十五个小时之后，已经麻木的她决定放弃。她很清楚自己无法继续游下去了，这时，在护送船上的母亲和教练都劝说她坚持下去，因为此时此刻她距离海岸已经很近了。她竭尽目力地朝海岸望去，却发现除了浓雾，连海岸线都看不到。她感到无望，最终决定放弃。

上船之后，瑟瑟发抖的她还没来得及喝完一杯热茶，就看到了不远处的海岸线。原来，她上船的地点距离海岸还不足一英里呢！

在这个事例中，查德威克小姐如果没有被浓雾遮蔽视线，也许很快就能到达海岸。在她的一生之中，这是唯一一次半途而废的经历，最主要的原因就是无法看到目标并准确衡量自身的情况。由此可见，我们不但要制订目标，而且要让自己的目标切实可行，符合实际的情况。只有当目标可以实现的时候，它才能更好地起到对人们的激励作用。因而，我们在制订目标时，千万不要好高骛远。目标并非越远大越好，只有在我们竭尽所能就能实现的范围内，它才会起到理想的激励和鞭策作用。而且，任何远大的目标假如不能实现，就会变得毫无意义，尤其是当人们觉得目标简直不可能实现时，反而会彻底放弃。这种情况下，远大的目标远远不如切实可行的目标更具有力量。

手握底牌，关键时刻转败为胜

生活中，每个人的脾气秉性都各不相同，有些人是直脾气，恨不得一口气就说完自己所有的心思，把自己变成一个透明人；有的人则恰恰相反，他们不愿意成为他人眼中的透明人，因而愿意自己把握着底牌，等到关键时刻再使用底牌扭转局势，转败为胜。

虽然人与人相处一定要以真诚为第一要义，但是我们不能对每个人都真诚相待。诸如，我们对于父母要真诚坦率，毕竟父母是这个世界上最疼爱我们的人；我们对于好朋友要真诚，无须遮遮掩掩，毕竟他们非常了解我们，也愿意陪伴我们走过人生的一程又一程。我们对于爱人也要毫无保留，因为爱人是世界上唯一与我们相伴一生的人，即便父母老去，兄弟姐妹远离，爱人也依然守在我们的身边，无论生老病死，无论坎坷挫折。对于这样忠贞不渝的爱情，我们有何理由不坦诚呢？然而，就算是亲密无间的夫妻之间，也需要为彼此保留适当的空间，给予彼此喘息的机会。

人和人之间的关系，就像刺猬一样。寒冷的冬日，刺猬想要依偎着取暖。离得近了，它们很快就被其他刺猬扎得浑身疼，因而忙不迭地分开；离得远了，它们又无法相互取暖，被寒冷侵袭。经过数次尝试之后，刺猬才能找到彼此之间最佳的距离，从而既避免了相互扎伤，也避免了因为距离太远感到寒冷。聪明的人在与他人相处时，也会寻找这样的适度距离，从而为彼此保留亲密无间的关系和应该有的底牌与秘密。

尤其是在现代社会，人们的生存压力越来越大，人与人之间的竞争也更加激烈。假如我们一下子亮出自己所有的底牌，那么我们就会被他人算计，再也无法扭转局势。就算混得很差，也不要总是向他人诉苦，毕竟这个时代不再是同情心泛滥的时代，每个人都要依靠自己的能力赢得未来，你又怎么可能成为例外呢！此外，就算我们非常成功，也绝不要对他人颐指气使，高高在上。因为成功很有可能只是一时的，而且别人在深藏之下甚至会比我们更加成功。总而言之，不要让别人一眼就把我们看透，这样，我们才有可能以神秘莫测赢得人生的先机。

后晋时期，冯道出使契丹，受到了契丹王的礼遇和厚待。契丹王很想让冯道留在契丹效力，冯道当然不愿意，他一心一意想要回到故国，但是他很清楚自己不能直接拒绝契丹王的好意。因此，他告诉契丹王自己可以为契丹效力，因为契丹就相当于后晋的儿子，为契丹效力也就是为后晋效力。听到冯道这么说，契丹王感到非常高兴和欣慰。与此同时，冯道还下令让下属马上置办薪炭，以便度过契丹的漫长寒冬。看到冯道的一举一动，契丹王深深意识到冯道是个举世罕见的“忠臣”，虽然思念故国，却为了尽忠而留在契丹。想到这里，契丹王觉得很不忍心，因而在深思熟虑之后决定放冯道回国。

然而，冯道拒绝了契丹王的好意，一直留在契丹国，不愿意离开。直到契丹王再三催促他启程，他才装作很不情愿的样子开始收拾行李。从契丹国出发之后，他依依不舍，沿途多次停留，似乎他已经把契丹国当成自己的家乡。直到一个多月后，冯道才带领手下们回到故国。在此期间，冯道的下属不止一次问冯道为何归心似箭，却在契丹国逗留盘桓。冯道回答：“我不是不想回国，而是以退为进。假如契丹王知道我归心似箭，那么我们一定插翅难逃。要知道，就算我们昼夜兼程，契丹族人只要快马加鞭，就会马上追上我们。所以，我们不能轻举妄动，而要让契丹人对我们不再警惕和戒备。”回国后，冯道因为对故国忠心耿耿，顺理成章地受到了皇帝的封赏。

原来，冯道不是不想回国，而是因为他心思细腻，知道不能把底牌都透给契丹王，所以他才一直伪装自己，直到安全回到故国。否则，假如冯道得知契丹王要留住他之后据理力争，那么一定会被契丹王控制，根本无法成功离开契丹国。这种以退为进的方法，往往能够麻痹敌人，因而效果显著。

人之所以对他人有吸引力，就是因为保留了神秘感。虽然现代生活中我们没有敌人，但是在对待朋友、同事时，我们还是可以采取这样的迷惑法，保留自己的底牌，从而更好地吸引他人，与他人相处。此外，保留底牌还可以使别人对于我们的实力毫无所知，这样我们就能在关键时刻勇敢亮相，事半功倍地获得成功。

审时度势，该低头时就低头

人生在世，生活不可能永远都海阔天空。有的时候，我们要经过的门或者窗户太低了，我们必须低下头，才能顺利通过，才不会撞得头破血流。人生路上，必须学会低头，每个人都是如此。尤其是处于人生的困境之中时，情况原本就很复杂和艰难，假如我们只顾着高昂着头，则必然会被困在艰难的处境里，根本不会知道如何做才能以最小的伤害换取最大的成功。

毋庸置疑，人生是需要扬眉吐气的。但是，人生的情况也是复杂的。在海阔凭鱼跃、天高任鸟飞的日子里，我们当然可以一蹦三尺高，但是在狭窄逼仄和局促的人生空间里，我们要想找到出路，就只能低下头，审时度势，顺应形势，从而做出明智的选择和举动。也许有些朋友会说低头是很让人难堪的，然而，低头并不意味着认输，也不意味着放弃希望。所谓低头，实际上只是暂时地采取低姿态，从而为自己争取时间转换思路，调整目标，帮助自己顺利走过人生的坎坷泥泞，走到人生的开阔地带。试想，假如我们被困在低矮的山洞中，如果不低头，就永远也走不出山洞，更无法达到外面的世界；如果低下头，那么就可以走出山洞，走到外面阳光明媚、春光正好的大好时光里——那么，我们选择继续昂首挺胸，还是低头呢？明智的朋友一定会做出正确的选择。

一只蝴蝶不小心闯入窗户里，它被困在房间里，不停地飞舞着，却无论如何努力都无法飞出去。显而易见，它已经找不到来时的路了。它四处冲撞，不止一次地撞到墙壁上，仍无法成功逃脱房屋的禁锢。实际上，这只蝴蝶完全是当局者迷。它之所以迷路，就是因为它总是在房间上空盘旋，而不愿意飞得低一些。其实，稍微低一些，它就能找到敞开的窗户。它几次三番在距离窗户上窗框只有几寸的地方飞来飞去，因为不愿意飞得更低一些，最终筋疲力尽地被困在屋子里死去了。

美国前总统富兰克林，在年轻时曾经应邀去长辈家里做客。来到长辈家低矮的茅草屋时，他依然昂首挺胸，刚刚进门，就被低矮的门框挡住了。他毫无思想准备，就这样重重地撞在门框上，额头当即撞得又红又肿，有了淤血。长辈看到富兰克林尴尬的模样，不由得意味深长地笑着说：“你的头一定很疼吧！你来我家做客，我也没有其他的好招待你，这就当送给你的礼物吧。一个人要想在这个世界上生存，必须随时随地铭记一个道理，即该低头时一定要低头。”这次拜访之后，富兰克林永远记住了长辈的教诲。他在一生之中都遵循这个原则做人做事，最终获得了伟大的成功，在全世界青史留名。

不管是蝴蝶也好，还是大名鼎鼎的美国总统也好，都要学会适当地低头，才能更好地生存和发展。很多经验丰富的农民，在看到成熟的稻地时，都知道越是成熟的稻地，每穗稻子越是都低垂着头。相反，那些把头抬得高高的稻穗，全都是空的、瘪的，都不是成熟的。现实生活中，为人处世中，我们要学会低头。低头绝不是妄自菲薄，而是谦逊的姿态。

遗憾的是，现实生活中，有很多人尽管对待生活满腔热情，而且有着远大的理想和抱负，却不懂得低头。现实世界总是残酷的，也并不会如同我们所想的那样让我们顺心如意。面对生活的坎坷泥泞，我们唯有汲取经验和教训，不断提升自我，才能在暂时低头之后获得长久的抬头，在暂时退却之后获得更加长远的进步。唯有掌握这种在社会上生存的智慧，我们的人生才能更加坦然从容。

既然生活不可预料，不如坦然接受

关于生活，每个人都有自己的渴望和希冀。很多人都会在脑海中描画未来的情形，并且希望生活能够按照自己规划好的路径前进。现实情况却是，生活总是充满了未知，带给我们的或许是惊喜，或者是惊吓，也或者是平淡如水。无论生活如何改变，每个人要想享受生活、拥抱生活，就必须学会顺势而为。若生活的天空下雨，你就撑起伞，不必为了阴雨连绵而哭泣；若生活的天空艳阳高照，你不妨借此机会晾晒心情，尽情享受，无须担忧未来会不会下雨；若生活的天空也无风雨也无晴，你便照常读书、学习和工作。总而言之，既然生活不可预料，我们就不能抱怨更不能焦虑，而应该顺其自然，坦然接受。

现代社会，不管是精神文明还是物质文明，都进入高速发展的时代。因为生活节奏的加快，也因为工作压力的增大，人们的心理问题也越来越多，其中最广泛的就是焦虑问题。看看现代人的生活，几乎没有几个人是不被焦虑困扰的。其实，焦虑已经成为非常普遍的一种社会现象，不管是高层的社会精英，还是底层的农民工，几乎人人都无法摆脱焦虑的困扰。打个形象的比方，焦虑就像一场重感冒，是很容易扩散和传播的。要想避免焦虑无限蔓延，我们就要读懂焦虑的本质，避免与生活背道而驰。不管命运赐予我们的是什么，我们都应该坦然接受。只有顺势而为，才能避免过度挣扎导致的伤害。

近来，人到中年的马波失业了。他女儿今年三岁，刚好开始读幼儿园，每个月都要多出几千块钱的学费开支。他前一年换了房子，当时换房子时他并不知道自己会面临失业的窘境，因而他每个月还要承担近万元的月供。如此一来，他突然间觉得人生晦暗无光，似乎一切都失去了希望。为此，马波整日在家蒙头大睡，还时常喝得醉醺醺的，觉得人生毫无方向。对于马波的状态，妻子刚开始时并没有感到过分担忧，她也什么都不说，只想给马波一个缓冲和发泄的时间。然而，一个星期过去了，马波的状态依然没有改善，妻子不得不发声了。

一个周五的晚上，妻子做了一桌子的好菜，说："明天我也过周末了，今晚上咱们好好喝一杯吧。"酒过三巡，妻子先安排好孩子睡觉，然后又与马波推杯换盏。这次，他们夫妻二人在醉意中彼此敞开心扉，交谈了很多平日里不曾提起的内心深处的话题。最后，妻子说："我想，人生总是有时风雨有时晴的，我们应该坦然接受。工作丢了没关系，还可以再找。只要咱们一家人在一起高高兴兴、平平安安的，一切都会好起来的。"听了妻子的话，马波感动地流下眼泪，说："放心吧，我会振作起来的。我还有你和女儿，我很富有，我也肩负着责任。"接下来的一个多月里，马波每天都在四处奔波找工作，虽然因为年纪大了而处处碰壁，但是他毫不气馁。最终，马波找到了一份很理想的工作，不但工资不比以前少，福利待遇也更好了。

很多时候，我们喜欢和命运较劲，因为不知道命运的洪流到底会把我们冲到何方。无论如何，当我们与命运背道而驰时，我们的生活就会变得一团糟。既然很多事情一旦发生就是无可更改的，与其抱怨或者悲泣，不如鼓起勇气接受和面对。

很多情况下，我们之所以焦虑，正是因为对于自己的生活过度期待。正如人们常说的，希望越大，失望越大。若我们怀着适度的期待，则不会陷入过度的焦虑。很多人都喜欢给自己制订过高的目标，似乎只有目标远大，人生才能与众不同的。实际上，过于远大的、可望而不可即的目标往往会让人坠入无边的焦虑之中。唯有更好地面对未来，憧憬未来，我们才能从实现目标的喜悦中得到自信的满足。

最近这些年，整个社会都处于高速发展之中。我们必须调整好自己的生活和工作的节奏以适应社会的发展，也要从自身的实际情况出发更好地规划人生，如此才能最大限度地帮助自己摆脱焦虑。不管是处于社会的金字塔尖，还是处于社会的最底层，我们都应该脚踏实地地前进。当你对待成功变得坦然时，你对待人生也必将更加豁达。

第03章

尽心当下可为，你的未来方可期

莎士比亚说："一个人思虑太多，就会失去做人的乐趣。"对无法预料的未来，我们不能想太多，想多了人会累，也会不由自主地担心，然而，再怎么担心也是无济于事。别想太多，未来的事情就交给未来。

快乐不需要理由，不快乐却有无数借口

有人说，世界上最难得到和最容易得到的东西，都是快乐。快乐不需要理由，不快乐却有无数借口。快乐是一种能力，也一种智慧。快乐的人最聪明。然而，生活中，我们每个人都会遇到一些烦恼，我们常常被这些烦恼困扰着，而事实上，这些烦恼都是我们自找的。一个浮躁的人才乐于给自己找麻烦，你可以追寻美好的生活，可以追寻甜蜜的爱情，但你绝不可以自寻烦恼。

可以说，一个高情商的人总是能淡化烦恼、寻找快乐，他们豪爽，爱交际，朋友多；他们兴趣广泛，不会无所事事；他们爱运动，因为运动是快乐的添加剂，运动会直接带给人快乐；他们生性乐观豁达，积极进取，却知足常乐；他们抗挫折能力强，他们总认为困难是暂时的，相信乌云遮不住太阳……

每个人都有七情六欲和喜怒哀乐，同样，人也有烦恼，这是避免不了的。但不同的人对待烦恼的态度是不同的。比如，积极乐观者，一般很少自找烦恼，而且善于淡化烦恼，善于从烦恼中发现快乐之事；而悲观失望者却总是喜欢无病呻吟，一旦有了烦恼，忧愁万千，牵肠挂肚，离不开，扔不掉，活得有些窝囊。

可见，大多时候，人的烦恼都是自找的，有些问题其实根本不是烦恼。举个很简单的例子，你已经是一名主管，管理着很大一批人，但你一直觊觎经理的职位。你没料到的是，这一职位却被一名资历不如自己的人拿到了，你心里很不痛快，但你忽视的一点是，主管的职位已经是很多人羡慕的了，再说位高烦恼多，经理也有经理的烦恼，而且经理的烦恼未必少。还有的人为钱而烦恼，有了一万想两万，有了两万想三万……他们只想到钱多有钱多的得意，没有想过钱多有钱多的烦恼，钱少的或许没有钱多的那么神气，但钱少的也没有钱多的那么多担忧，平民小户没有大富人家对盗贼绑架的担心，恐怕也少有为争夺家产使兄弟反目甚至相残的悲哀。

当我们在为种种苦恼之事感到失落甚至掉泪时，其实快乐一直在身边朝我们微笑。做一个快乐的人并不难，拥有一个幸福的人生也很简单，只要我们不自找烦恼。

从前，佛祖遇到了一个不喜欢他的人，这个人连续几天都跟着佛祖，并用各种方法辱骂佛祖，但奇怪的是，佛祖似乎没听到这些，从不跟他计较。这人很纳闷，便问佛祖是怎么做到的。

佛则反问道："若有人送你一份礼物，但你拒绝接受，那么这份礼物属于谁？"

那个人答："属于原本送礼的那个人。"

佛祖微笑着说："没错。若我不接受你的谩骂，那你就是在骂你自己。"

那个人恍然大悟，摸摸鼻子走了。

这里，佛祖要告诉我们的是，只要你对别人给你的烦恼采取不理不睬不接受的态度，那么无论别人如何谩骂你、如何对待你，都影响不了你的快乐，夺不走你的好心情。也就是说，生气其实就是拿别人的错误来惩罚你自己，真正的受害者也是你自己。因此，不要扰乱了自己的心，烦恼往往都是自找的。只要你不接受“烦恼”这份礼物，任何人都破坏不了你的好心情。

美国心理治疗专家比尔·利特尔经过研究认为：一个人若有以下心理或做法，必定会促使其自寻烦恼、无事生非：

1. 总把问题的症结放到自己身上

你是不是认为别人不喜欢你是因为你的问题？你是不是认为同事被上级领导批评也是因为你的问题？把消极原因都归结于自己，要不了多久，你就会烦恼成疾。

2. 顾影自怜，认为自己是殉难者

比如，你可能经常会听到一个家庭中的主妇这样抱怨：“没有一个人真正心疼我，对我们家来说，我不过是个仆人而已。”而男人们也会抱怨道：“我的骨架都累散了，谁也不把我当回事，大家都在利用我。”要知道，经常这样想，必定会使你烦恼异常，而且会使周围的人感到讨厌，令你的感觉变得更糟。

3. 喜欢做白日梦

最可怜、可悲的人莫过于那些总是做白日梦的人，如果你不重新调整你的目标，那么，那些无法实现的目标同样会让你烦恼不断。

4. 制造隔阂

不懂得怎么“讨好”别人，从未赞美过他人，总是挑刺儿、埋怨，好与人争论，这是制造隔阂、自寻烦恼的妙法。

5. 只看到消极面

不要总是把眼光放在你曾经受到多少次冷遇上，也不要总是计算自己吃了多少次亏，否则你就会运用这种消极的思想方法来给自己制造烦恼。

6. 总是拖延问题

问题一旦出现，你就要解决，因为此时解决很容易令大事化小；而如果你采取拖延的方法，那么，问题只能像滚雪球一样越滚越大，最后一发不可收拾。因此，不要认为“如果错过了解决问题的时机，索性再往后拖拖”，否则，只会使问题变得更糟，必定会导致你的愤怒和苦恼埋在心底几个月甚至几年。

可见，做一个快乐的人其实并不难，拥有一个幸福的人生也很简单，只要我们摒弃以上心理或做法。要知道，世界上没有一个人因烦恼而获得过好处，也没有一个人因烦恼而改善过自己的境遇，而烦恼却在随时随地损害着我们的健康，消耗着我们的精力，扰乱着我们的思想，减少着我们的工作效能，降低着我们的生活质量。

人生在世，其实是在为自己而活。活着，本身就是一种幸福。每个人来到这个世界上都是不容易的，也是幸运的。所以，珍惜和善待我们的人生吧，快乐和充实地度过每一天，才是远离烦恼的正确选择。

人生幸福的敌人就是想法太多

人的一生，要经历很多的人和事，不管我们愿不愿意，这些人和事，都会或多或少地令我们产生挂牵。对于过去，我们常常会感到后悔；对于现在，我们也会经常陷入迷惘；对于还没有来到的，我们有太多的想法。为此，快乐总是与我们擦肩而过。

其实，人生幸福最大的敌人就是想法太多、患得患失，在这种心理的支配下，得到了会担心什么时候失去，于是千方百计地保住手里的东西；失去了又会心有不甘，于是处心积虑地想着如何再赚回来。每日忧心忡忡、殚精极虑，又怎么能享受那份轻松的快乐呢？

不得不承认的是，我们每个人都要对生活、对人生有想法，毫无目的的人生显然是浑浑噩噩的，只是，如果我们想法太多，那就会给自己带来更多的困扰。这些困扰就像是一块块压在心头的巨石，让我们的心逐渐变得冰冷而又僵硬，快乐也会离我们远去。那么，幸福、快乐的生活蓝图又是怎样的呢？

从前，有一对孪生姐妹，姐姐嫁给了一个有钱人，过上了锦衣玉食的生活，但她似乎并不快乐。妹妹则嫁给了一个开豆腐作坊的穷人。有一天，闲来无事的姐姐想去看看妹妹过得怎么样。来到妹妹家，她看到妹妹正在辛勤劳作，却还唱着歌儿。姐姐恻隐之心大发，说：“你这样辛苦，只能唱歌消烦，我愿意帮助你，让你们过上真正快乐的生活，谁让我们是姐妹呢！”说完，她放下了一大笔钱，送给妹妹。

这天夜里，姐姐回到家后，躺在床上想：“妹妹不用再辛苦地做豆腐了，她的歌声会更响亮的。”

第二天一早，姐姐又来到作坊，却听不到妹妹的歌声了。她想，妹妹可能激动得一夜没睡好，今天要睡懒觉了。

但第二天、第三天，还是没有歌声，姐姐好奇怪。就在这时，妹妹拿着姐姐给自己的钱，着急地对姐姐说：“我正要去找你，还你的钱。”

姐姐问：“为什么？”

“没有这些钱时，我每天做豆腐卖，虽然辛苦，但心里非常踏实。每天晚上，能和丈夫、孩子一起数今天赚了多少钱。而自从拿了这一大笔钱，我和丈夫反而不知如何是好了——我们还要做豆腐吗？不做豆腐，那我们的快乐在哪里呢？如果还做豆腐，我们就能养活自己，要这么多钱做什么呢？放在屋里，又怕它丢了；做大买卖，我们又没有那个能力和兴趣，所以还是还给你吧！”

姐姐非常不理解，但还是收回了钱。第二天，当她再次经过豆腐坊时，听到里边又传出了小夫妻俩的歌声。这时，她似乎知道为什么妹妹过得比自己幸福了。

听完这个故事，可能也有些人有所感悟，的确，金钱、权力、地位都不是我们幸福的源泉，换个思维方式，其实，简单、平淡的生活就是对幸福的诠释，专注、体会身边的幸福生活，并不断感悟，我们的幸福指数才能不断上升。

《飘》的作者玛格丽特·米契尔曾说过：“直到你失去了名誉以后，你才会知道这玩意儿有多累赘，才会知道真正的自由是什么。”的确，在那光鲜靓丽的外表里，在闪烁的灯光下，是一颗无法言语的疲惫的心。因此，幸福，它不是千金的财富，不是受人注目的地位，幸福是属于你自己的，如果你总是认为爱人赚的钱没有别人多，待遇没有别人好，孩子没有别人聪明，日子过得没别人滋润，那么你就感受不到幸福。而如果你把关注点放在家人的健康、有衣穿、有食物吃，一家人能够每天聚在一起吃饭这些方面，那么你就会觉得幸福。的确，关于幸福，变个思考的方式，一切就会不同。

可见，快乐缘于简单，想得多了，快乐便少了。心无挂碍，就能让我们放下一切多余的负担，与快乐结伴同行。那么，现实生活中的人们，我们该如何放下那些太多的想法、专注于眼前的幸福呢？

首先，你需要看淡权力地位。

德国精神治疗专家麦克·蒂兹说：“我们似乎创造了这样一个社会：人人都拼命地表现，期望获得成功，达不到这些标准心里便不痛快，便产生耻辱感。”细究我们苦恼的原因，更多的是由于在现代的“嗜欲场”上，“肝肠”不是太“冷”，而是太“热”——太热衷于金钱、财富、地位、名声这些所谓“成功”的标准。达不到，就苦恼。什么程度算达到，自己也搞不清，因此只有永远苦恼下去……而学会以淡泊之心看待权力地位，这是免遭厄运和痛苦的良方，也是超然于世外的智慧。对这类苦恼，要想摆脱它，就要把名利——世俗眼中所谓的“成功”看淡一些，就像屠隆讲的：“肝肠欲冷。”

其次，你要让自己成为一个有价值的人。

爱因斯坦说：“不要努力成为一个成功者，要努力成为一个有价值的人。”英国作家王尔德说：“人真正的完美不在于他拥有什么，而在于他是什么。”新时代的人们都要努力为社会、为国家创造价值。比如，对于个人来说，过多的财富是没有多少用的，而为社会创造财富，并把多余的财富贡献给社会，这就能体现我们的价值。

可见，生活中的人们，如果你不想被芸芸众生所淹没，那就保持一颗区别于世俗的心。乐于淡泊，安于淡泊，并不表明拥有超凡脱俗的境界，而只是自己一种固有的生存方式的自然呈现。淡泊名利，你也就远离了苦恼，得到了幸福。

未雨绸缪过度，会让你失去现在的幸福

毫无疑问，生活中是需要未雨绸缪的，这样才能把很多事情都提前做好规划，从而帮助人们更好地安排生活和工作的节奏，使人生更合理。然而，凡事皆有度，若未雨绸缪过度，人生就会因为杞人忧天而变得无比沉重。人生是由无数个今天组成的，我们已然背负着今天的种种负担，假如再把明天的烦恼也预支过来，一起面对，那么今天就会变得异常艰辛。从这个角度来说，杞人忧天除了让我们失去现在的幸福之外，几乎于事无补。

人应该活在当下。要想避免明日的烦恼，最好的办法并非预支明日的烦恼，而是把握好现在的每一天，活好当下的一分一秒。当下，今日，就是明日的基础和依托。如果能把每一个今天都活好，明日也就会变得更加坚实。很多人的心中都隐藏着明日的小蚂蚁，以致自己日日不能安睡。这种情况除了导致我们寝食不安以外，几乎毫无好处。其实，只要我们处理好今日的事情，再卸下思想的包袱，明日就会安然到来，甚至让一切都更加水到渠成。

近来，刘红正在考虑去上海买房的事情。原来，刘红的老公林强早几年就被调到上海工作了，而他们的家却在苏北。为了一家人能够团聚，也为了给孩子创造更好的生活与学习条件，刘红和林强一直想把家安到上海。不过，刘红也很犹豫，因为上海的房价特别高，虽然他们目前手里有首付，可以按揭

买房，但是一想到等到孩子上大学每个月都需要高昂的学费、生活费，还要负担月供，她就忧心忡忡。这段时间，刘红一直在琢磨买房的事情，越想越害怕，不知道搬到上海以后生活水平是否会急剧下降。

思来想去，也进行了好几次家庭会议，刘红还得到了父母的支持，父母愿意支援她一笔钱，给她作为首付之用，这样按揭的压力也会小些。不想，刘红最终却决定不再动心思去上海买房，她的理由也很充分：去上海不但房子贵，生活成本也高，简直没法活了，不如带着孩子在家里，让林强一个人两头奔波。一年过去，刘红的肠子都要悔青了。原来，他们曾经决定要买的那个楼盘，一平方米的价格就涨了一万多，如果当初随便买套房子，哪怕不去上海定居，也可以把房子卖掉，净赚一百多万呢！

刘红面对搬去上海的反应，就是典型的杞人忧天。她明明知道孩子读大学是七八年以后的事情，却为了这遥远的将来导致今日承受了巨大的烦恼，最终被预想的情况逼迫得打消搬到上海的念头，也错过了最好的安家置业的机会。

生活中既有无穷无尽的快乐，也有无穷无尽的烦恼。我们既要未雨绸缪，也要避免透支烦恼。任何情况下，烦恼都是不可能完全消除的，因为随着生活的不断推进，新的烦恼总是应运而生。因此，我们必须杜绝杞人忧天，这样才能轻装上阵，带着快乐幸福的心情一路向前。

可以居安思危，但不要杞人忧天

古时候，在杞国，有个人总是担心有朝一日天会塌下来。得知这个人的忧虑后，其他人都笑话他，觉得他的担忧完全是多余的。从此之后，人们就把没有必要的担忧和忧虑形容为杞人忧天，也指人们毫无意义地担忧。和杞人忧天相对应的，还有一个词语叫作未雨绸缪。所谓未雨绸缪，意思是说即使天上没下雨，也提前准备好雨具，这样一来，等到天上真的下起雨，就不会因为没有雨具遭到雨淋，后来也用以形容人们准备充分，不会对突如其来的困境或者是突然而至的困难感到措手不及。从词义上来说，未雨绸缪和居安思危一样是褒义词，而杞人忧天则是贬义词，因为杞人忧天中所指的事情都是不会发生的，是毫无意义的担忧。所以，朋友们，我们在生活中可以未雨绸缪，也应该居安思危，但是不要杞人忧天。

其实，人生中没有什么可怕的，也没有什么是真正值得担忧的。看看那些成功人士的经历，我们会发现，大多数成功人士之所以获得成功，恰恰是因为他们曾经遭遇过很多次失败，也曾经不断奋力拼搏，最终才能获得胜利。在这个世界上，每个人的人生之中都会面临很多挫折和磨难，有些人之所以能够成功，就是因为他们勇敢地与困难搏斗，越挫越勇；相比之下，有些人之所以总是与失败结缘，就是因为他们缺乏屡败屡战的勇气，动辄放弃希望。实际上，人生之中所有的不幸，都是一种历练。我们在任何情况下都不能丧失斗志，此外还要注意兵来将挡，水来土掩，不要因为一些小小的挫折就失去勇气。当然，也不要因为可能出现的困难局面而丧失勇气，变得畏手畏脚，忧愁不断。

世界上，很多人都追求成功，而成功者却是凤毛麟角。归根结底，那些人之所以失败，并不在于客观的条件，而在于他们想得太多，顾虑太多，反而失去了勇往直前的勇气。所以，很多人都说，只有切实开始去做，才算迈出了成功的第一步。有时候，我们觉得有些人做起事情来不管不顾是坏事请，但是实际上，做事情顾虑太多也不是好事情。我们唯有采取端正的态度面对成功，勇往直前地奔向成功，才有可能成功。毕竟困难总是存在的，谁不是在不断战胜困难的过程中成长起来的呢！

大学毕业之后，眼看着同学们都四处奔波找工作，小米和小叶也和大多数同学一样，为了找工作忙得焦头烂额。刚刚走出大学校园的她们，虽然拿着本科文凭，却清楚地意识到就业市场的严峻。首先，如今的大学生已经不像从前那么炙手可热了。现在的大学生，遍地都是，很多时候还没有农民工紧俏呢！由此也导致大学生就业很难，就业之后的薪水也不高，对此，小米和小叶一合计，突发奇想要开一家网店，自主创业，自己当老板。

当然，一个冲动的想法要想变成现实，还需要漫长的过程。思来想去，小米越想越高兴，越想越有信心；而小叶却与小米恰恰相反，一想到有可能把父母辛苦积攒的钱都赔进去，再想到有可能创业失败导致赔了夫人又折兵，她就感到惶恐不安。最终，在小米已经注册好淘宝店铺，并且从父母那里要来经济支援的情况下，小叶打了退堂鼓，以家里没钱给她入股为由，最终退缩了。

在当时，淘宝上的商家还没有这么多，小米凭借着一股闯劲，居然把淘宝生意做得风生水起。很快，小米不愿意再去进那些小玩意，而是决定自己开办一家小型的加工厂，生产那些简单的发饰、婴幼儿用品等。渐渐地，小米从自己给自己打工的打工者，变成了真正的老板。她所经营的那些小玩意，都是成本很低的，而且由她自己的工厂生产，这使她赚得更多。几年之后，小米事业有成；而小叶呢，接连换了好几份工作，不是工作不开心，就是对薪水待遇不满意，到现在还在频繁跳槽呢！

小米因为勇往直前，最终获得了成功。和小叶相比，小米哪怕开淘宝店铺最终失败了，也是成功的，毕竟她勇敢地走出了第一步，从中得到的经验和经历，都是小叶这几年的经历不可相提并论的。幸运的是，小米把自己人生中的第一份事业做得风生水起，这都是因为她的勇敢果断。

不管做任何事情，都是有风险的，所以朋友们，我们虽然应该未雨绸缪，却不要被这些事情吓倒，而是应该做好准备，这样才能兵来将挡，水来土掩。

（1）既然人生注定要面临很多障碍，那么我们与其被动地等待，不如主动出击，这样反而能够占据先机，让我们的人生拥有更多的美好未来。

（2）任何时候，人生都是不可捉摸的，我们唯一能做的就是做好准备，从容迎接和拥抱人生。

（3）做人千万不要因为杞人忧天，被束缚手脚。唯有勇往直前，我们才能赢得更多的机会。

立足当下，才能真正拥有充实的人生

对于每个人而言，“今天”都是命运最珍贵的馈赠。只要拥有今天，我们就是世界上最幸福富有的人，而不应该有任何的抱怨或者愤愤不平。今天，是组成人生唯一的日子。不管是昨天，还是明天，最终都必然变成今天，才能融入我们的生命。在浪费美食的时候，人们会被批评“暴殄天物”，其实，浪费时间更是极大的“暴殄天物”。有些豁达的人会说，每个人都行走在黄泉路上。这样的话虽然听起来残酷，却揭示了每个生命都是向死而生的这一道理。不管是金钱名利，还是其他的一些身外之物，在生命面前，都显得那么轻飘飘的，可有可无。唯独爱，是生命唯一的陪伴。一个人如果想不负此生，就应该努力享受当下的每一天。很多人立足高远，却好高骛远，动辄就谈到人生理想、宏图伟业，殊不知，再伟大的梦想，也必须落实到人生中的每一天去实现。任何人，不管身份高低，还是财富多少，都必须立足当下，才能真正拥有充实的人生。

很多人在一生之中总是不停地抱怨，或者杞人忧天。他们几乎每天都在为逝去的日子遗憾，也在为未到来的日子感到担忧，最终他们失去了现在的日子，错过了人生中最重要的今天。浪费食物尚且可耻，浪费时间则更是可怕了。众所周知，时间是组成生命的材料，每一分钟每一秒钟的浪费，都意味着我们的生命缩短了。生活就在当下，这一点毋庸置疑，唯有把握好当下的每一刻，我们的人生才更加充实。所谓的杞人忧天，所谓的瞻前顾后，所谓的忧心忡忡，无疑都是作茧自缚。

给全世界人民带来光明的爱迪生，因为家境贫寒，只上过三个月的小学。在此后的漫长时间里，他的老师就是他的母亲，正是在母亲的指导和悉心教诲下，爱迪生才最终成才。曾经，老师看到爱迪生做的丑陋的小板凳，断定爱迪生是个愚笨的人，却万万没有想到爱迪生后来成为赫赫有名的伟大发明家。

为了能够专心致志地从事研究工作，爱迪生在新泽西州成立了一个实验室，每天埋头于实验室中进行各种各样的实验。在一生之中，爱迪生的发明多达两千多项，是个不折不扣的“发明大王”，他对于整个人类社会的发展起到了巨大的推动作用。爱迪生的人生之所以收获如此之多，正是因为他非常珍惜时间。对于他而言，这一生的时间就像是一道大餐，必须好好享用，不能浪费片刻。爱迪生经常告诉助手：“最大的浪费就是浪费时间。人生如此短暂，我们必须想尽办法尽量节约时间，才能让人生变得充实，才能做更多有意义的事情。”

有一天，爱迪生和往常一样正在实验室里工作，他顺手把一个还没有安装灯口的空玻璃灯泡递给助手，说：“你量一下灯泡的容量。”说完，他继续埋头于实验。过了很久之后，爱迪生问容量是多少，助手却不吭声，他抬头一看，原来助手正忙得热火朝天，拿着尺子、纸笔计算和测量灯泡的容积呢！爱迪生无奈地责备：“已经过去很久了，怎么还没量好？”说完，他拿起空灯泡注满水，然后又让助手用量杯测量水的体积。就这样，助手马上就读出了量杯的读数。

爱迪生语重心长地说：“这个方法简单又实用，要动脑筋想啊！如此浪费时间，简直是罪过啊！”

助手面红耳赤，爱迪生喃喃自语：“人生如此短暂，却有那么多的事情要做，我们必须节省时间啊！”

一个人在短暂的一生之中做出了两千多项发明，不得不说，爱迪生对于时间的利用率是非常之高的。生命对于每个人都只有一次，不管你的身份地位是高贵还是卑微，唯独在时间面前，人人平等。既然如此，我们有什么理由不珍惜时间呢！与其浪费生命最宝贵的馈赠，不如从现在开始珍惜分秒的时间，将其用于做些有意思的事情，这样才能有效拓宽生命的宽度，延长生命的长度，让生命变得更加充实。

最美的不是结果，而是人生的旅途

现实生活里，我们大多数的人都渴望人生的丰富多彩，不遗余力地追求理想目标的实现，却不知道淡然地享受人生过程，享受人生平平淡淡的幸福快乐。其实，无论人生目标有多么的瑰丽辉煌，也不能为了“短暂”的拥有而放弃了过程里的开心微笑。

什么是幸福？幸福是一种心境，淡泊宁静，不计较得失，不在乎成败。这是一种睿智的生活态度和生活方式。

人不能改变过去，也不能控制将来，人能控制改变的只是此时此刻的心念、语言和行为。过去和未来的东西都虚无缥缈，只有当下此刻才是真实的。因此，一个人的生命不管能否长久，生命过程应该是丰富多彩的，无论人的生命长久与短暂，人生的道路应该是宽阔有风景的，享受过程应该是愉快幸福的。我们每个人都应该珍惜每一天的到来。

可能你会说，我们每天都需要面临高强度的工作、学习或竞争的压力，我们总是在和时间赛跑，哪有时间和精力去欣赏风景？然而，生活中处处是风景，你缺少的只是发现美丽风景的眼睛。

可能你会认为，现在你的人生刚刚开始，还有大把的时间去欣赏风景，那你是否想过，当你殚精竭虑地攫取了满怀的鲜花之时，抑或白发苍苍时，突然就会发现曾经在路边绽放的盈盈小花更加惹人爱怜，然而，那时的你已没有机会再回头去观赏它的淡雅美丽了。

可见，追求幸福，就是要选好自己的人生模式，更为关键的，就是挥别那种精神和心境的无知无觉的疲惫状态，做好自己能做的一切，把握今天，着眼未来。

对于现下的你来说，要把握今天，就是要你做到努力工作和学习，充实自己，然后以最饱满的精神状态迎接明天。

一位头发花白的富翁在某天来到沙滩散步，他发现，有个渔夫正在悠闲地晒着太阳，就问道："你为什么不打鱼呢？"

渔夫反问道："我今天挣的已经足够一家人的吃喝了，为什么还要打鱼呢？"

"挣钱买大渔船啊！"

"买大渔船干什么？"

"打很多的鱼，你就可以成为富翁了。"

"成了富翁又能怎么样呢？"

"你就不用打鱼了，可以幸福自在地晒太阳啦！"

"我不正在晒太阳吗？"

富翁哑口无言。

是啊，有时候我们苦苦追求的所谓的幸福与快乐，其实就在眼前，那又为什么不知足呢？我们中的很多人，也许经过多年的打拼和艰苦的奋斗，会有所成就，但是，难道一生就只有忙碌，只能拼搏到死吗？其实，享受真正的人生之旅比直到那旅程结束时还没有感受到快乐重要得多。

通常来讲，越是有所追求、越是想干点事的人可能遇到的烦恼和痛苦就会越多，凡事达观一点，看开一点，相信自己，终会心想事成。

也许有人会说，人活着就是要奋斗，就是要努力工作，但这并不意味着我们要做一个工作狂，相反，在努力工作的同时，我们依然要懂得享受每一天美好的生活。享受生活归根结底是一种心境。享受的关键在于寻找快乐的人生，而快乐并不在于我们拥有多少、获得多少，生活质量如何，而是在于我们怎样看待周围的人和事情，怎样让自己有一颗接纳一切快乐事物的心。

生活在商品经济的大潮里，每天充斥在眼前的都是各种物质诱惑，欲望追求加快了人们前进的脚步。有时，我们要懂得享受过程，真正让我们得到满足的也是过程。人的一生也是如此，最美的不是结果，而是人生的旅途。

总之，生命的意义不仅在于成就多么伟大的事业，实现崇高的人生目标，或者拥有多少的财富，也在于淡然地享受人生过程里的愉快心情，感受人生过程里那份淡淡的幸福味道。

第 04 章

若想走到高处，就使用自己的两条腿

你站在桥上看风景，看风景的人在楼上看你。其实，人生最大的误区就是关注别人的生活超过自己，以致凭空增添许多烦恼。朋友们，在生活中请专注自己，别把希望寄托在别人身上。

走出盲目模仿别人的樊篱，找准自己的位置

每一个人都具有世界上独一无二的价值，没有任何人、事、物能够取代我们，也没有任何人、事、物能够贬低我们，除非我们自己看轻自己、自己贬损自己。

人活着就应该善待自己，在低潮时给予自己鼓励。在人生的旅程中，我们无法避免诸多的挫折，但是不管那些无情的打击如何使我们痛苦、受伤、难堪，我们都不应该忘记自身的价值，更不应该认为自己一无是处或者妄自菲薄。

哲人说，我们的命运如同一颗麦粒，有着三种不同的道路。一颗麦粒可能被装进麻袋，堆在货架上，等着喂给家畜；也可能被磨成面粉，做成面包；还可能被撒在土壤里，不断生长，直到金黄色的麦穗上结出成百上千颗麦粒。人和麦粒唯一的不同在于：麦粒无法选择是变得腐烂还是被做成面包，或是种植生长。而我们有选择的自由，有行动的自由，更有心的自由。我们不该让生命腐烂，也不能让它在失败、绝望的岩石下被磨碎，任人摆布。

歌德曾说过这样一句话："一个人要想成功，首先要视自己比实际的自己更伟大才行。"人生漫漫征途，在前进的旅程中，我们每一个人都要找准自己的位置，在生活这片蓝天

里，给自己准确定位，让自己驰骋在最适合的领地。对此，哈佛告诉我们："人活于世，每个人都有自己的价值，都是独一无二的自己，切不可因为在某方面逊色于别人而失去自我。"当然，每个人都希望自己能够翱翔于蓝天，驰骋于大地，但是，在梦想开始放飞之前，我们需要清楚地认识自己：你是否具有翱翔的能力？你是否能够驰骋于大地？如果在没有了解自己的情况下就擅自定位，一旦梦想跌落，内心的失望是很难平复的。另外，无法给自己准确定位，只会导致好高骛远或者内心自卑。每一个人都是特殊的个体，上帝赋予了我们独特的个性，只要我们走出盲目模仿别人的樊篱，找准自己的位置，人生将会变得丰富多彩。

大卫·奥格威曾当过推销员，做过农夫，当过外交官。他移居美国后，仍不断前往欧洲大陆。年轻时的奥格威雄心勃勃，他有两个梦想：一是拥有一部劳斯莱斯汽车，一是获得爵士爵位。于是，每到黄昏的时候，他都会去英国国会下议院，坐在观众席里倾听别人讨论，他渴望自己有一天也能参加这里的讨论。但是，突然有一天，奥格威发现自己对这一切失去了兴趣，他对自己说："这里并不适合我。"然后，他就站了起来，以一种坦然而轻松的心情走出了下议院，解脱之后，他的内心却充满了焦虑：自己38岁了，还能够使生命辉煌吗？没过多久，奥格威创办了一家广告公司，经过多年的发展，他被誉为现代广告的"教皇"。

大卫·奥格威找准了自己的位置，演绎了精彩人生。悠悠生命历程里，我们也要给自己准确定位，这样才能展现出自己的人生价值。

有一个出家弟子跑去请教一位很有智慧的师父，他跟在师父的身边，天天问同样的问题："师父啊，什么是人生真正的价值？"问得师父烦透了。

有一天，师父从房间拿出一块石头，对他说："你把这块石头拿到市场去卖，但不要真的卖掉，只要有人出价就好了，看看市场的人会出多少钱买这块石头。"

弟子带着石头到市场，有的人说这块石头很大很好看，就出价两块钱；有人说这块石头可以做秤砣，出价十块钱。结果大家七嘴八舌，最高也只出到十块钱。弟子很开心地回去，告诉师父："这块没用的石头，还可以卖到十块钱，真该把它卖了。"

师父说："先不要卖，再把它拿去黄金市场卖卖看，也不要真的卖掉。"

弟子就把这石头拿去黄金市场卖，一开始就有人出价一千块，第二个人出一万块，最后有人竟然出到十万元。

弟子兴冲冲跑回去，向师父报告这不可思议的结果。

师父对他说："把石头拿去最贵、最高级的珠宝商场去估价。"

弟子就去了。第一个人开价就是十万，但他不卖，于是二十万，三十万，一直加到后来对方生气了，要他自己出价。

他对买家说，师父不许他卖，就把石头带了回去，对师父说："这块石头居然被出价到数十万。"

师父说："是呀！我现在不能教你人生的价值，因为你一直在用市场的眼光在看待你的人生。你人生的价值，须是你心中先有了最好的珠宝商的眼光，才可以看到真正的人生价值。"

每个人都有属于自己的独特的价值，善待自己的人，懂得自身价值的大小绝不在于别人的评价，而是在我们给自己的定价。

黏土在天才的手中变成了堡垒，柏树在天才的手中变成了殿堂，羊毛在天才的手中变成了袈裟。如果黏土、柏树、羊毛经过人的创造可以成百上千倍地提高自身的价值，那么你为什么不能使自己身价百倍呢？

每个人都想成为高大的树木，渴望矗立在高处俯瞰这个世界，但是，生活的现实与残酷让我们成为了一颗颗小草。与其他人相比，自己的生活显得那么不堪，于是，许多人觉得自己没有价值，或许将在庸庸碌碌中度过一生。其实，小草也有它的价值，当所有高大的树木都已经枯亡时，那一片绿意盎然的小草却释放着最后的美丽。它们并不想成为高大的树木，它们深知自己的价值是什么，只想做它们自己，怀着这样一份希望，它们自然生机勃勃、春意盎然。如同小草一样，我们每一个人都有自己的价值，没有任何人能够取代我们，也没有任何人能够贬低我们，除非我们自己看轻了自己、自己贬低了自己。

1. 善待自己，给自己自信

活着，我们就要学会善待自己，在失意时鼓励自己，在得意时勉励自己。在漫漫人生旅途中，我们无法避免偶尔的挫折与困难，但是，不管我们将受到什么样的打击，即使我们正在经历着痛苦、难堪，我们都不应该忽视了自己的价值，不要觉得自己一无是处，也不要妄自菲薄。以一份崇高的使命感，展现出自己的人生价值。

2. 不要自卑，学会接纳自己

每个人都有属于自己的独特价值，我们应该接纳自己。而且，自身价值的大小并不在于他人的评价，而在于我们给自己的定价。一个人的价值是绝对的，坚持自己，重视自己的价值，给自己成长的空间，每个人都会成为“无价之宝”，我们将告别平庸的人生。

在一定时期不遗余力地做一件事

人生苦短，我们没有精力去经历所有事，我们应该趁着年轻时脚踏实地，认清自己前进的方向，并沿着这一方向不断钻研，这样一定能令自己更加贤明与充实。伊格诺蒂乌斯·劳拉有一句名言：“一次做好一件事情的人比同时涉猎多个领域的人要好得多。”在太多的领域内都付出努力，我们难免会分散精力，停止进步，最终一无所成。

然而，现实生活中，我们发现，有这样一些人，他们有太多的空想，他们要么同时对很多事都感兴趣，要么当手头事出现阻碍时就进行目标转移。但是，任何目标的实现，正像许多人所做的那样，不仅需要耐心地等待，还必须坚持不懈地奋斗和百折不挠地拼搏，就像在滑铁卢击败拿破仑的惠灵顿将军那样。切实可行的目标一旦确立，就必须迅速付诸实施，并且不可发生丝毫动摇。

《聊斋志异》中有这样一则故事：

两个调皮的牧童进了深山，看到一个狼窝，发现了两只小狼崽。他们准备带走这两只小狼崽，老狼看到后，心急如焚，就准备抢回小狼崽。

聪明的牧童，瞬间就抱着小狼崽分别爬上大树，两树相距数十步。老狼在树下准备救狼崽，却发现两只狼崽被放在不同的树上。

并且，一个牧童在树上掐小狼的耳朵，弄得小狼嗷叫连天，老狼闻声奔来，气急败坏地在树下乱抓乱咬。此时，另一棵树上的牧童拧小狼的腿，这只小狼也连声嗷叫，老狼又闻声赶去，它就这样不停地奔波于两树之间，终于累得气绝身亡。

这只狼之所以累死，原因就在于它企图救回自己的两只狼崽，一只都不想放弃。实际上，只要它守住其中一棵树，用不了多久就能至少救回一只。

为此，我们需要明白一个道理，不要有太多的空想，而要专注于眼前的工作。在生活中的多数情况下，对枯燥乏味工作的忍受和坚持，应被视为最有益于人身心健康的原则，为人们所乐意接受。阿雷·谢富尔指出：“在生活中，唯有精神的肉体的劳动才能结出丰硕的果实。奋斗、奋斗、再奋斗，这就是生活，也唯有如此，我们才能实现自身的价值。我们也才可以自豪地说，还没有什么东西曾使自己丧失信心和勇气。一般来说，一个人如果具有强健的体魄和高尚的目标，那么他一定能实现自己的心愿。”

18世纪早期就读于牛津大学的圣·里奥纳多在一次给校友福韦尔·柏克斯顿爵士的信中谈到他的学习方法，并解释自己成功的秘密。他说：“开始学法律时，我决心吸收每一点获取的知识，并使之同化为自己的一部分。在一件事没有充分了解清楚之前，我绝不会开始学习另一件事情。我的许多竞争对手在一天内读的东西我得花一星期时间才能读完。而1年后，这些东西，我依然记忆犹新，但是他们早已忘得一干二净了。”

的确，成功者之所以成功，就是因为在专注的过程中经过了沮丧和危险的磨练，才造就了天才。

福韦尔·柏克斯顿认为，成功来自一般的工作方法和特别的勤奋用功，他坚信《圣经》的训诫：“无论你做什么，你都要竭尽全力！”他把自己一生的成就归功于他对“在一定时期不遗余力地做一件事”这一信条的实践。

相反，那些对奋斗目标用心不专、左右摇摆的人，对琐碎的工作总是寻找遁辞、懈怠逃避的人，注定是要失败的。如果我们把所从事的工作当作不可回避的事情来看待，我们就会带着轻松愉快的心情，迅速地将它完成。瑞典的查尔斯九世在他还年轻的时候，就对意志的力量抱有坚定的信念。每每遇到什么难办的事情，他总是摸着小儿子的头，大声说："应该让他去做，应该让他去做。"和其他习惯的形成一样，随着时间的流逝，勤勉用功的习惯也很容易养成。因此，即使是一个才华一般的人，只要他在某一特定的时间内全身心地投入和不屈不挠地从事某一项工作，他也会取得巨大的成就。

总之，我们要记住的是，在对有价值目标的追求中，坚忍不拔的决心是一切真正伟大品格的基础，它会让人有能力克服艰难险阻，完成单调乏味的工作，忍受其中琐碎而又枯燥的细节，从而顺利通过人生的每一驿站。

讨好了所有人，而从来没有讨好自己

有人抱怨："每天活得好累，好像一刻都没有轻松过。"现代社会，越来越多的人开始抱怨自己"活得"很累，不是工作累，吃饭累，睡觉累，而是"活得"太累。难道，每天的生活真的那么累吗？如果我们只是在做自己，怎么会感觉到累呢？心理学家认为：一个人若是遵从内心的感受，选择自己喜欢的生活方式，他是感觉不到累的。那么，我们所感觉到的累是怎么回事呢？大多数人都有这样的经历：上学的时候，父母总是指着隔壁的孩子说："瞧瞧人家，成绩多优秀，你得向他看齐。"大学毕业了，父母长辈都说："还是当个老师，或者考考公务员，这才是铁饭碗，其他的都不是什么正当的工作。"工作的时候，上司总是告诉你这样不对，那样不对。我们生活的最初点，似乎都是在讨好所有的人，而从来没有讨好过自己。

小资是一名歌手，以前，她也有过抱怨的时候，每次上节目，她都会抱怨："太辛苦，实在受不了压力太大的生活。有时候，为了讨好歌迷、媒体，我一年发行两张专辑，但是，自己又想把工作做得更好，这样的工作量简直令我崩溃。"以前的工作时间安排得很紧，白天上通告做宣传，晚上还要去录音棚完成下一张专辑的录制，这样的生活超出了小资可以承受的范围。每天，她都感觉到很累，但是，心中的怨气又无处诉说。最后，在内心快要崩溃的时候，她选择了退出歌坛。

在四年的休息时间里，小资做自己喜欢的事情，她说："以前都是大家看我怎么变化，现在我是从自己的角度来看大家的改变。虽然现在我年纪大了，似乎变得老了一些，但是，年龄并不是我能掩盖的东西，我也想永远年轻，但是，我也懂得这就是时间给我的礼物。在我成长的过程中，我得到的最大一份礼物是，不用费劲去证明，只需要做自己喜欢的东西，跟着自己的步伐。在以后的时间里，如果我能完全坚持自己的选择，那就是最好的生活。”虽然小资的年龄变得大了一些，但是，这正是一个不需要讨好任何人的年龄。最近，小资复出了，在工作上，她已经与唱片公司达成了一致的意见，不需要拿任何事情炒作新闻，同时，不需要为了赢得名气而故意虚报唱片的销量，她可以自由自在地唱歌。这是小资最喜欢的一种状态。

小资这样告诉所有的媒体：“我不需要讨好所有的人，只需要做自己喜欢的事情。”就是这样一句话，令所有的媒体工作者既羡慕又嫉妒，因为，对于媒体工作者而言，他们的工作就是在讨好所有的人，乃至将自己的委屈和自尊放弃。每天，都有许多人为了人际交往、为了生存而讨好他人，他们在这样的过程中感到很累，甚至感觉到心力透支。到底是为了什么，我们需要对身边所有的人都尽力讨好呢?

王娜是同事们公认的“好人缘”，或者说，她是一个从来不唱反调的人，在任何时候，她的观点都与大家一样。在办公室里，一个东西，只要是同事们都说“这个东西真的很好”，她就会随声附和“真的很好啊”；一件衣服，同事们都说漂亮，她也会表示“颜色十分均匀，款式也很新颖”；一份策划案，大家都说不错，她也会承认“设计比较独特，很不错”。于是，只要王娜在办公室，大家都喜欢问她的意见，虽然都知道她从来不会说一句反驳的话，但是，大家似乎形成了一种习惯，凡事都希望王娜能够说两句好听的话。这可给王娜带来了许多烦恼，每天，为了应付那些同事，总说“好啊，这个好”“不错，不错”，为了赢得一份好人缘，以免得罪同事，即使心里面觉得这个东西真的不咋样，王娜也得满脸笑容地说：“我觉得很不错。”

可是，每天回到了家里，王娜就开始抱怨声声了：“真累！搞不懂那些同事是什么欣赏眼光啊，明明那个东西没有什么用，偏偏宝贝得不得了；一件过了季的衣服，还说漂亮；策划案完全是抄袭网上的一篇文章，大家都称赞得不行了。为了应付他们，每天真的好累！”同居的好友张莉笑着说：“既然累，干嘛不做回自己，说自己喜欢的话，做自己喜欢的事情，干嘛搞得自己这么累？我就从来不说违心话，得罪了他又怎么样？我还是照样工作。”王娜叹息着：“唉……”

对此，一个公认的“好人缘”有一肚子苦水需要倒：“每天，我都觉得我不是在为自己生活，而是在为别人活，为了讨好他们，我把自己喜欢的一切都放弃了，最后，他们还是不满意。白天，戴着微笑的面具，晚上回到家，没有人愿意分担我的烦恼。我感觉到内心有股气，它在不断地积累、膨胀，我害怕有一天自己会崩溃。”在日常交际中，与他人建立良好融洽的关系是极其重要的，但是，不要以放弃自己的意愿为代价，我们并不需要讨好所有的人，有时候，保持自己的个性，往往会令我们有意外的收获。

在日常生活中，我们都会羡慕那种所谓的“好人缘”，似乎每个人跟他都能聊到一块去，更关键的是，他所说的每一句话，所做的每一件事，都是按照大家的心思而来的，他没有理由不受到大家的喜欢。在公司，上司说这个方案不行，他一句话不说，马上改成了上司喜欢的方案；挑剔的同事说，你今天的打扮好像不太和谐，第二天，他就真的换了一套符合同事眼光的服饰；在家里，爸妈说，你新交的男朋友没有固定的工作，她就真的决定与男友分手，重新找了一个能让父母觉得满意的男朋友。在这个过程中，我们都会发现，自己不过是在讨好身边的人而已，我们逐渐失去了自己的生活。

我们要懂得这样一个道理：你不需要讨好所有的人，只有自己喜欢才是最重要的，因为，没有任何人能真正分担你的烦恼、愤怒。

一个人的成就，不会超过他内心的高度

很多时候，阻碍我们发展的力量并非是其他人发出的，而是源于我们自己的局限性。因此，要想突破自己，超越自己，我们首先应该发现自己具有无穷的力量，认可自己，相信自己，这样才能油然生出改变一切的力量，因为它就在我们的心

里。我们必须释放自己的内心，使自己的内心变得无比强大，这样才能释放出内心深处的力量，改变我们的未来，改变我们的人生。假如你始终不相信自己，而把生活的希望寄托在别人身上，那么你就无法释放自己的力量，最终会限制自己的发展，使自己的一生默默无闻。这也正是人们经常说“心有多大，舞台就有多大”的原因，记住，一切都取决于我们的内心。曾经有位名人说过，一个人的成就绝对不会超过他内心的高度，这句话是有道理的。发现自己，改变自己，你准备好了吗？

1947年，美国美孚石油公司董事长贝里奇到开普敦视察工作。偶然间，他看到一位黑人小伙子正跪在地板上擦拭，奇怪的是，他每擦完一块地板，就要面对前方虔诚地叩一下头。贝里奇百思不得其解，就问小伙子是怎么回事。这位黑人小伙子回答说，他在感谢圣人。

贝里奇还是有点奇怪，到底他要感谢的圣人是谁呢？黑人继续解释说，他之所以能找到这份工作，一定是圣人帮助他的缘故，是圣人让他终于有了饭吃。贝里奇笑了，他告诉黑人小伙子说：“我也曾经遇到过一位圣人，这位圣人使我成了美孚石油公司的董事长，我可以引见你认识他，你愿意去拜访他吗？”黑人说：“我是个孤儿，从小靠教会抚养，我很想报答教会的养育之恩，如果这位圣人能让我在自己养活自己之后，还有余钱来了却心愿，我非常愿意去拜访他。可是，如果我离开去拜访圣人，我的饭碗可能就保不住了。”

贝里奇说：“你知道南非有一座很有名的山，叫作大温特胡克山吗？我所说的圣人，就住在那里。他能为人指点迷津，所有经过他点化的人都会有一个大好前程。20年前，我到南非登上了那座山，找到了那位圣人并得到了他的指点，所以我才有了今天的地位。如果你愿意去，我可以替你向你们的经理说情，准你一个月的假。”

于是，黑人小伙子向南非出发了。在那30天的时间里，他一路披荆斩棘，风餐露宿，过草地，穿森林，历尽艰辛，最后终于登上了白雪皑皑的大温特胡克山。他在山顶徘徊搜寻了一天，除了自己，什么都没看到。

黑人小伙子失望地回到了开普敦，当贝里奇问他看到了什么时，他懊丧地说：“很抱歉，董事长，我在山顶上找了一天，可是我发现，除了我自己以外，根本没有别的什么人。”

贝里奇大笑道：“你说得对！除了你自己之外，根本没有别的圣人能给你指点迷津。”

20年后，这位黑人小伙子成了美孚石油公司开普敦分公司的总经理。2000年，他作为美国美孚石油公司的代表参加了在上海举办的世界经济论坛大会。在一次记者招待会上，记者让他谈谈自己传奇般的成功故事，他只说了这么一句话：“当你发现自己的那一天，就是你遇到圣人的时候。”

有很多人期待会有别人来帮助自己，其实，在这个世界上，能帮助你成功的圣人就是你自己。当你发现自己的那一天，也就是你拨开迷雾、走向成功的那一天。

如果不是贝里奇的启示，黑人小伙子也许时至今日依然还在为自己拥有一份清洁地面的工作而感恩。这是因为他的心始终局限于这个地方，局限于这份工作之中，这使他的眼睛受到了蒙蔽，无法看到更加开阔的未来。幸运的是，他遇到了贝里奇，并且知道了那个能够改变自己命运的圣人正是自己，为此，20年之后，他才得以成为美孚石油公司开普敦分公司的总经理。身居高位之后，再次回忆起自己传奇般的成功故事，他必然感慨万千。是的，我们也应该记住他的传奇经历，记住：发现自己的那一天，就是你遇到圣人的时候。

1. 这个世界上，唯一能够掌握你的命运的人就是你自己，你就是你的圣人。

2. 不管什么时候，我们都应该立志高远，应该规划自己的未来，而不要只盯着眼前的那块地。

3. 当你发现了自己、当你能够坚持不懈地努力开拓自己的人生时，你离成功也就不远了。

相信命运始终掌握在你自己手中

几千年前，老祖宗就曾留下祖训，兼听则明，偏信则暗。的确，在生活和工作中，我们应该学会采纳别人的正确的建议，从而使自己的决定更加完善。和那些固执己见的人比起来，能够虚心采纳别人意见的人往往更容易作出英明的决策，避免犯极端的错误。然而，凡事都有度。假如一个人时时处处都相信别人的看法，而没有自己的主见，那么可以说，这样的人还不如固执己见的人更容易做出成就呢！尽管我们需要虚心采纳别人的正确意见，但是我们同样也需要有自己的辨识力，有自己的主见，在坚持自己认为正确的事情的情况下，再有针对性地采纳别人的意见，从而使自己的决定更加明智理性，这才是正确的做出决定的方法。假如一切都听别人的，失去了自己的主心骨，那么我们的生活就会被身边无数人的意见所裹挟，最终失去自己的方向。试想，假如你的身边有十个至亲的人，他们的意见必然是不完全相同的，有的时候甚至会出现意见相左的情况，这个时候，你是听谁的呢？再假如，你的身边有二十多个朋友，他们每个人都很关心你，一看到你需要做出艰难的决定，他们就七嘴八舌地给出好心的建议，假如谁的话都想听，你最终必然无法做出决定，因为可供你参考的意见太多了，你根本不知道到底应该听谁的。

生活中，还有些人不能坚持自己的主见。一件事情，明明他自己已经决定了怎么去做，但是一看到身边的人表达了不同的观念，他马上就改变自己的想法，而认为别人说的是对的。其实，在事情没有得到事实的验证之前，谁也无法保证自己一定是对的，因为事实才是检验真理的唯一标准。在这种情况下，他采纳的意见也许远远不如他自己的决定明智，最终导致事情失败。还有一些人，已经决定去做某件事情了，就因为身边的人阻止他，说他必然失败，他就不再去尝试了，最终导致连失败都没有机会，更别说是成功的机会了。这样的情况在生活中屡见不鲜，作为想要成功的人，我们应该怎么做呢？那就是，与其相信别人，不如相信自己。即使相信别人，也要在相信自己的基础上去伪存真，有目的有针对性地用别人的合理建议来使自己的决定更加完善。只有这样，你才能坚定不移地走自己的路，而又不至于犯固执己见的毛病，从而更顺利地实现自己的人生理想，距离成功越来越近。

高中毕业后，小娜和晓敏同样落榜了。她们是好朋友，高中三年一直都是同桌，因此情同姐妹。看着很多落榜的同学都选择了复读的道路，小娜和晓敏却心有不甘。青春太宝贵了，她们不想浪费美好的时光，她们不约而同地想要做点儿什么。小娜很喜欢服装设计，有一天，她灵机一动，想要开一家集服装设计、制作于一体的服装定制店。在当时，虽然有一些裁缝给人们加工服装，但都是很传统的款式。人们要想买新式的衣服，就必须买成衣，而成衣又有不合身材、满大街都是的缺点。假如能开一家服装定制店，无疑是解决了上面这两个问题，肯定能够受到人们的欢迎。小娜把想法和晓敏说了，晓敏也很感兴趣。她们俩一拍即合，当即就各自去找家里人商量。不想，她们都遇到了阻碍。家人宁愿给她们钱去复读，也不愿意让她们下海经商。毕竟，她们都刚刚毕业，而且她们所说的行业家里人连听都没听说过。对此，小娜态度很坚决，她对家人说："假如你们不同意我开创自己的事业，我就出去打工，自己积累资金。"看到小娜意志坚定，家人最终决定给予她资金支持。而晓敏呢，面对家人七嘴八舌的讨论，面对众多的非议和质疑，她最终选择了妥协，决定复读一年继续考大学。

一年的时间很快就过去了，在这一年之中，小娜的服装定制店渐渐打开了局面，得到了很多时尚人士的认可。如今，去她的店里定制服装，需要提前一两个月预定呢！而晓敏呢，高考的形式每年都变，虽然她在一年之中已经非常努力了，却依然与好的大学擦肩而过，只勉强考了一个三流大学，未来的就业都是问题。看着事业渐渐步入正轨的小娜，晓敏后悔极了。假如当时她也能够像小娜一样坚持自己的想法，并且为之不懈努力，那么她现在早就和小娜一样闯出自己的事业品牌了！

当然，我们并非建议所有落榜的高中生都去自主创业，放弃考大学，而是说每个人在自己有了明确想法的时候，都应该相信自己的判断力，而不要因为别人的否定就轻易放弃自己未来的人生之路。很多时候，你尝试了也许会失败，但是如果不尝试，你就连失败的机会也没有，还谈何成功呢？

记住，与其相信别人，不如相信自己，因为命运始终掌握在你自己的手中！

只需要成就最优秀的自己

现代社会，各种压力越来越大，生存变得越发艰难。因此，人际关系被提升到前所未有的高度，人们也意识到人脉资源是现代社会中最重要的资源之一，对于我们的人生将会起到至关重要的影响。然而，即便人脉资源非常重要，我们时常需要仰仗别人的提携和帮助，也无法改变一点，即人生在世，只能靠自己。

一个人，如果总是把希望寄托在别人身上，不管遇到什么事情都希望别人为自己提供帮助，那么他久而久之就会养成依赖的坏习惯，导致自身的能力越来越差，人生也会变得越来越被动。也许有些朋友会说，我们不是靠别人，而是靠父母。殊不知，随着时间的流逝，父母也会渐渐老去。当父母老了，他们又该依靠谁呢？原本他们是要倚靠我们的，却因为我们已经形成了对他们的依赖性，无法独当一面，导致他们无可依靠，反而要在终老的时候牵挂我们无法独立生存。不得不说，这是父母子女间一场深爱的悲哀。

很多人都知道“难得糊涂”这四字箴言，这是清朝著名画家郑板桥留给我们世人的警言警句。然而，郑板桥虽然劝说他人要糊涂，自己在很多方面也的确很糊涂，但是在教育后代的时候，他始终保持着清醒的头脑，对后代教育有方。根据历史资料记载，郑板桥直到五十二岁时，才得到一个儿子。当时，他为官一方，有三百亩田地，所以用今天的话来说，他的儿子也是天生的富二代。但是，他对儿子从来不宠溺，而是凡事都以身作则，作为孩子的示范榜样。他后来因病去世之前，还对儿子进行了深刻的教育。

当天，郑板桥病情加重，却突然提出要吃儿子亲手做的馒头。这可刁难了儿子，因为他的儿子根本不会做馒头。然而眼看着父亲气若游丝，即将辞世，儿子只好勉为其难地挽起袖子，开始和面做馒头。儿子看着一盆面粉，根本无从下手，因为郑板桥告诉他，可以请厨师指点，但是不能让厨师代劳。最终，儿子花费了大半天的时间，终于做好了馒头。当他端着自己亲手做的馒头来到父亲面前时，却发现父亲已经与世长辞。儿子痛哭流涕，随后，发现父亲床前的桌子上有一张父亲亲笔写的字条，内容如下："流自己的汗，吃自己的饭，自己的事情自己干，靠天靠地靠祖上，不算是好汉！"读完这张字条，儿子才明白了父亲的良苦用心。原来，父亲是想最后一次教育他，让他必须自力更生。

老来得子的郑板桥一定是非常疼爱儿子的，然而，他教育和疼爱孩子的方式与众不同，他知道溺爱孩子是害了孩子，只有让孩子学会自立，才能让孩子拥有坚强的人生。这一点让现代社会的父母们看看，相信大部分父母都会觉得很惭愧。如今，大多数父母都只有一个孩子，或者是望子成龙，或者是望女成凤，他们恨不得把孩子捧在手里、含在嘴里，根本舍不得让孩子做任何事情，最终导致很多孩子都成为骄纵的小公主、小皇帝。不得不说，如此溺爱孩子，最终的后果必然是非常严重的。

记得前段时间在微信圈里看到一篇文章，题目为《如果真的爱孩子，就不要凡事代劳》。虽然没有认真阅读内容，但是对于标题印象深刻。的确，这个世界上既没有全能的上帝，也没有无所不能的神仙。所以甭管是西方国家的孩子还是中国的孩子，都指望不了救世主。要想让自己的人生出类拔萃，有所成就，我们必须从现在开始就养成靠自己的好习惯，避免依赖他人。

从实用的角度而言，求人的确不如求自己。要知道，求人，主动权掌握在别人手中；求自己，主动权掌握在自己手中。而且，不管什么时候，我们都可以随心所欲地满足自己的需求，岂不是比央求别人来得更方便、更有效率吗？

自己强大了，整个世界都会向我们低头。反之，如果我们自轻自贱，否定自己，那么我们最终会因为无法准确定位自己而导致人生受到局限，不能尽情发展。因此，朋友们，我们要想赢得他人的尊重和认可，首先应该充满自信，高看自己一眼。要记住，我们无须和别人比，我们只需要成就最优秀的自己。这样，我们就能依靠自己赢得为人的尊严，赢得圆满的人生。

第 05 章

因为你的到来，寂寞孤独悄然离去

孤独不是在山上而是在街上，不在一个人里面而在许多人中间。一切事实证明，唯有孤独的人才强大。假如你一直觉得自己孤独，其实并非是一件坏事，这是对自我的一种认识。没有经历过孤独的人，不会成长，内心也不会变得那么坚强。

别因为孤僻放弃了自己

孤僻心理，也就是我们常说的不合群，不能与人保持正常关系、经常离群独居的心理状态，在日常交际中，主要表现为不愿意与他人接触，待人冷漠，对周围的人常有厌烦、鄙视或戒备的心理。有着孤僻心理的人猜疑心比较强，容易神经过敏，做事喜欢独来独往，不过也免不了被孤独、寂寞和空虚所困扰。

孤僻者缺乏朋友之间的欢乐与友情，交往需要得不到满足，内心很苦闷、压抑、沮丧，感受不到人世间的温暖，看不到生活的美好，很容易消沉、颓废，不合群。由于缺乏群体的支持，整天过着提心吊胆的日子，忧心忡忡，容易出现恐慌心理。假如这样的消极情绪长时间困扰自己，就会损伤身体，严重者还会有轻生的念头。

小王是一名战士，下士军衔，大家都说他性格怪异，冷漠，很少看到他与战友们嬉笑打闹，做什么事情都是一个人，喜欢溜边，没事时总是一个人待在一个角落，成为部队热闹生活的旁观者。由于他不愿意和别人交流，开会也很少讲话，除非点名叫他，否则是看不到他举手的，而且他在说话时总是语速很快、很紧张、很小心翼翼的样子，所以战友们都很难了解小王内心的想法，而小王平日在部队里也是一副“各人自扫门前雪，莫管他人瓦上霜”的态度。

有一天，领导叫上小王说去打球，小王的第一反应就是：“我不去，我又不会打。”这就是拒绝交际了，领导说：“好，你不打，陪我去转转总可以吧，不行我们再一起回来。”好说歹说，小王总算愿意去了。到了球场，大家都在喊“小王，下来一起玩”。小王不吱声看着领导，领导先下去，他在场边看领导和战友们打，球场上五个人肯定分不均匀，领导说：“你来吧，不然人不够，你够点意思。”小王说：“我不会，打不好。”这时小王就处于“不想交际”了。领导说：“就一次，下次我喊其他人，你就陪我们打一次，打一会儿就回去了。”小王不吱声，战友和领导又喊了几次，终于把他拖上场了。

小王算是勉为其难地进入球场了，当战友们看到他有好位置的时候，就把球传给他，让他投，他迟疑了，战友们都鼓励他投，说他位置好，赶紧投，他才把球投了出去。他离球框很近，而且没有防守，球进了，大家都说看不出来啊，小王还留了一手。他害羞地笑了，但这一刻很短暂，很快，他又恢复了那副冷漠的样子。后来在战友们的“配合”下，小王又进了几个球，而且不用战友们说就自己主动投球。打了一会儿，大家都累了，就坐在球场边上东一句西一句地聊，不过话题离不开“小王球打得不错”，看他冷冰冰的脸上害羞得泛红，战友们猜测其心里肯定是在想“其实挺好的”。后来打球，小王都主动来了。

小王就是典型的孤僻心理，符合孤僻心理所有的性格行为。那么，其孤僻心理是如何产生的呢？原来，小王的父母在其幼年时死于一场火灾，他从小就跟随爷爷奶奶生活，火灾的发生，给小王留下的不只是身上被大火烧伤的痕迹，还有不完整的人生。在成长的过程中，小王给自己画了一个圈，给自己定了性，自己给自己增加心理暗示，自我的羞耻感、屈辱感不断增强，自我否定意识不断形成与加剧，以致形成了消极的自我评价，由此，他对身边人的戒备心理就开始产生了。随着消极的自我暗示不断地出现，小王的情商变得扭曲，慢慢形成逃避现实、孤僻自卑、谨小慎微、容忍退让的懦弱性格。

孤僻心理的产生来自多方面的因素：青年人正处于成长的关键阶段，世界观和人生观刚开始建立，自认为已经长大成人，经常委屈地感到自己不被理解，有一种莫名奇妙的孤独感；一个缺乏强烈事业心的人会有孤僻的心理；通常情况下，内向性格的人容易孤僻，因为他们的自我中心观念比较强，内心深处对外界有强烈的抗拒感，往往对外界事物和周围人群表现得很冷漠；童年的创伤经验，如父母离婚、伙伴欺负等不良刺激，都会使人过早地接受烦恼、忧虑、焦虑不安的不良情绪体验，致使他们产生消极心境，最终形成孤僻的性格。

那如何对孤僻心理进行自我调节呢？

1.正确认识自己和他人

孤癖者本人要对孤僻的危害有一个正确的认识，打开自己紧闭的心扉，追求人生的乐趣，摆脱孤僻的困扰，同时正确地认识别人和自己，努力寻找自己的优点和长处。孤癖者往往很难正确地认识自己，有的觉得自己比别人强，总想着自己的优点和长处，总是看到别人的缺点，因而自命不凡；有的则比较自卑，总认为自己不如别人，怕被别人嘲笑，因而把自己封闭起来。其实，这两者都需要正确地认识别人和自己，多与别人交流思想，沟通感情，享受人与人之间的友情。

2．敢于与人交往

性格孤僻的人应该多与那些性格外向的人一起交往，让自己的情绪受到感染，也使自己变得开朗起来。这样一来，在每一次交往中都会有所收获，丰富知识经验，纠正知识上的偏差，一方面获得了友情，一方面愉悦了身心。

3．掌握交际技巧

假如我们在交际方面显得比较笨拙，那可以看一些有关交往的书籍，学习交往技巧，同时多参加正当、有益的集体活动，如郊游、跳舞、打球等，在活动中慢慢培养出自己开朗的性格。

寂寞不可怕，可怕的是心灵的孤独

我们都知道，现代社会，人们已经习惯生活于喧嚣的城市中，为此，寂寞来临时，有些人显得手足无措，不知如何排遣。有人说，孤寂是吞噬生命和美丽的沼泽地。寂寞不可怕，可怕的是心灵的孤独，因此，寂寞的时候，我们需要一点精神上的寄托与追求，去打破寂寞，学会在寂寞中寻求彼岸。

青少年处于渴望结交朋友的年纪，无论是学习还是娱乐，他们都喜欢成群结队，没有谁喜欢被同学和朋友孤立。然而，一个人要成长，就必须学会直面寂寞，如果你能做到充实自己的内心，让心灵永不孤独，那么，你就长大了。

有本书上曾经这样说："能够忍受孤独的，是低段位选手；能够享受孤独的，才是高段位选手。"诚哉斯言！不同的人生态度，成就了不同的人生高度。真正有内涵的人，都是懂得充实自己内心的人，看一本书、写一行字，学会修理好一个柜子，养活一缸鱼，下厨煲一锅汤，会照料受伤的小动物，等等。这一切远胜于呼朋唤友，左拥右抱。他有自我内心的坚定和认知，不受世间他人他事来左右界定，专注工作和学习，并且独具一格。

"每天放学后，我宁愿去图书馆看看书，也不愿意和同学们去网吧上网。每读一本书，我都能获得不同的知识，有专业知识上的，有人生感悟上的，有风土人情，有幽默智慧，我很享受读书的过程，每次从图书馆出来都已经夜里十点了，在回家的路上，看着路边安静的一切，风从耳边吹过，我真正感到了内心的安宁。同学们都说我这人太宅了，但我觉得，我是在享受寂寞，内心有书籍陪伴，我从不感到孤独。"

这是一个懂得享受寂寞的人的内心独白。的确，心与书的交流，是一种滋润，也是内省与自察。伴随着感悟与体会，淡淡的喜悦在心头升起，浮荡的灵魂也渐归平静，让自己始终保持着一份纯净而又向上的心态，不失信心地契入现实，介入生活，创造生活。

也许你会问，寂寞二字究竟是褒义词还是贬义词？我们不需要追求，但我们需要明白，寂寞不等于孤独。一个人孤独，那是因为身边没有朋友相伴；而一个人寂寞，那是自己给自己的独有空间。

曾有过这样一个故事：

有个人独自行走在森林中，后来，他迷路了，饥饿难耐的他最终靠在了一棵大树底下，他睡着了。在梦中，他看到了洁白的牛奶和诱人的面包，他以为这些都是真实的。但就是靠着这份幻想，他走出了森林，获得了重生。

有人说：孤独是一种无以言状、自得其乐的境界。的确，在孤独的时候，我们才能真正实现与自己的对话，才能进入冥想的境界。

其实孤独也是美丽的，孤独的是影，实在的是心，孤独的人能在孤独寂寞中完成他的使命。如果你兴趣无比广泛而又浓烈，而自己又感觉到自己的精力无比旺盛，那么，你就不必去考虑你已经活了多少年这种纯数字的统计学，更不需要去考虑你那不是很久的未来。

那么，寂寞时，你该怎样才能充实内心呢？

1. 与书籍为伍

英国作家汤玛斯说：“书籍超越了时间的藩篱，它可以把我们从狭窄的目前，延伸到过去和未来。”的确，书籍记录了太多伟大的思想，在读书的过程中，我们能实现自我提升，我们能探索到很多我们未曾涉及的领域，我们更能从书籍中找到心灵的导师，从而看清自己、走出狭隘，最终实现丰富自我、提升涵养的目的。

2. 专注于学习

一个人如果能专注于手头的工作和学习的话，那么，他便能沉浸在自己的世界中，又怎么会感到孤独呢？举个很简单的例子，炎炎夏日，农夫一心想把稻子割完、学生一心要读完一本书，他们都是不孤独的；只有无所事事的人，才会觉得内心空虚、寂寞，需要与人为伴。

可见，学会自我调节，学会享受一个人的寂寞，有一颗平静的心，做好自己，我们的生活就会更加成熟，更加深沉，更加充实。

敞开心扉，融入人群

我们都知道，人是社会的人，任何人都需要与人接触、交流，与人交往，我们才能获得友谊和快乐。然而，我们发现，在我们生活的周围，有这样一类人：他们因容貌、身材、修养等方面的因素而不敢与周围的人交往，逐渐产生孤僻心理，社会心理学家经过跟踪调查发现，在人际交往中，那些心理状态不健康者，相对于那些健康者，往往更难获得和谐的人际关系，也无法从这种关系中获得满足和快乐。

周五的最后一节课，语文老师给大家布置了一篇话题作文，以“我最烦恼的事”为话题。第二周的作文课上，老师点评了一篇作文，是来自于班上一个学习成绩较好的女生的，其中有这么一段：

“我是一个女生，性格还是比较外向的，长相虽然算不上出众，但是自我感觉还可以。学习也不错，班里前十名，可是就是人缘不好，可能是我比较好强，看到别的女生周围有一堆同学和她说话，我就有点不自在。女生还好点，尤其是男生，好像都很反感我，看到他们和别的女生闹我也想去玩，可是不知道怎样加入他们。听我一个好朋友跟我说，她的同桌跟她说比较反感我，也没有说原因，还说不许我那个好朋友告诉我。虽然我是知道了，可是我很无奈，也许是因为我说话的问题吧，因为我真的不知道该怎样和男生们交谈，怎样才能让别的同学喜欢和自己说话，有共同语言。我到底该怎么办？”

可能很多人都为人际关系而苦恼，想与人交往，但又不敢迈出第一步，生怕被人笑话。其实，心理障碍是造成你人际关系不好的重要原因。孤芳自赏就是不健康心理的表现之一，而究其原因，不外乎胆怯、害羞、自卑，等等。事实上，只要你大方一点，敞开闭锁的心扉，摆脱孤僻的烦忧，你就能找到交往的乐趣。

孤僻心理对于年轻人自身发展和人际交往都不利。乐于和善于与人交往的人能和大多数人建立良好人际关系，他们在与人相处时态度积极，不嫉妒、不冷漠，能很快适应新环境。人际交往是一门学问，青年时期是培养交往能力的重要时期，也是积累人生阅历和社会实践能力的重要时期之一。但一些朋友出于一些原因，把自己的活动限制在一定的范围内，更严重的，甚至患上自闭症和交往恐惧症，严重影响自身的心理健康。

那么，如何消除孤僻心理呢？你应做到以下几点：

1. 完善个性品质

其实，只要你拥有良好的交往品质，走出恐惧的第一步，就能受到朋友们的喜欢，慢慢地，心结也就能打开了。“人之相知，贵相知心。”真诚的心能使交往双方心心相印，彼此肝胆相照，真诚的人能使交往者的友谊地久天长。

2. 正确评价自己和他人

孤僻的人一般不能正确地评价自己，要么总认为自己不如人，怕被别人讥讽、嘲笑、拒绝，从而把自己紧紧地包裹起来，保护着脆弱的自尊心；要么自命不凡，认为不屑于和别人交往。孤僻者需要正确地认识别人和自己，多与他人交流思想、沟通感情，享受朋友间的友谊与温暖。

首先要自信。俗话说，自爱才有他爱，自尊而后有他尊。自信也是如此，在人际交往中，自信的人总是不卑不亢、落落大方、谈吐从容，而决非孤芳自赏、盲目清高。他们对自己的不足有所认识，并善于听从别人的劝告与帮助，勇于改正自己的错误。

3. 培养健康情趣

健康的生活情趣可以有效地消除孤僻心理。利用闲暇潜心研究一门学问，或学习一门技术，或写写日记、听听音乐、练练书法，或种草养花等都有利于消除孤僻心理。

4. 学习交往技巧

你可以多看一些有关人际交往类的书籍，多学习一些交往技巧，同时，可以把这些技巧运用到人际交往中，长此以往，你会发现，你的性格越来越开朗，你的人际关系也越来越好，同时，你会发现，你收获了不少知识，你在认知上的偏差也得到了纠正。

总之，你需要明白，人生是精彩的，但一个人是寂寞的，一个人的世界并不精彩，既然如此，何不敞开心扉？

烦恼时，不妨“装”出一份好心情

我们都有这样的思维，我们的情绪会导致某些行为，比如，生气时我们会骂人，高兴时我们会开怀大笑等；而实际上，与之相对的，我们的行为也会影响情绪，比如，悲伤时我们会哭泣，而哭泣这一行为同时，也会引发悲伤的情绪。对此，心理学家提出了一个“假喜真干”的概念，意思就是，你假装自己喜欢做某件事或从事某件工作，渐渐地，你会真的喜欢起来。

曾经有报道说，日本人为了改变自己压抑的性格，从而有利于与外向的西方人打交道，他们采取了一种训练笑容的方法：他们在下班之前的半个小时里，会每人拿起一只筷子，横着咬在嘴里，固定好脸部表情后，将筷子取出。此时人的脸部基本维持一个笑容的状态，再发出声音，就像是在笑了。

这种看似荒谬的做法却是有科学依据的。其实，我们在生活中都有这样的体会，当孩子哭泣时，我们会逗他们说：“笑一笑呀！”结果孩子勉强地笑了笑之后，跟着就真的开心起来了，这就很好地说明了行为的改变将导致情绪改变。

菲蒂娜小姐是一位办公室文秘，她的工作就像人们所说的打杂的工作一样，除了要给经理倒咖啡、买早饭，还要处理一堆琐碎的文件，还得抄写和打字，不仅忙碌，而且枯燥无味，毫无技术含量，她常被累得精疲力竭。后来她想：“这是我的工作，单位对我也不错，我应该把这项工作搞得好一些。”于是，她决定假装喜欢这份讨厌的工作。一段时间以后，她居然发现自己真的喜欢上了这份工作，她发现，她的上司是个很和蔼的人，每天和他一起相处很自在，为他效劳她也很乐意。在处理那些文件时，她更加认真，因此，她曾经发现文件中一个数据问题，为公司避免了达数百万元的损失。因为这件事，她被提升了。现在，她经常超额完成任务，这种心态的改变所产生的力量，确实神妙无比。

从菲蒂娜的工作经历中，我们发现，人的情绪是可以由行为引发的，由此延伸，人可以通过控制行为的方式来控制自己的情绪。

那么，我们该如何“伪装”出好心情呢？我们来看看销售之神原一平是怎么做到的：

他曾在日本保险界连续15年获得全年的销售冠军，而他成功的杀手锏之一就是“微笑”——他掌握了38种微笑，曾经为了征服一个顾客，使用了30种微笑。

关于长相，可以说，原一平其貌不扬，他只有1.53米。和很多保险推销员一样，在刚开始从事这一行业时，他在半年来都没有卖出去一份保险。那时候，为了生存，他只得睡在公园的长椅上。

原一平自己知道，单就长相，自己毫无优势可言，但他知道，微笑是获得他人信任的法宝。为了获得这一法宝，原一平开始每天一早就在公园里向每一个所碰到的人微笑，不管对方是否在意或者回报他微笑，他都不在乎。终于有一天，一个常去公园的大老板对原一平的微笑发生了兴趣，他不明白一个吃不饱的人怎么会总是这么快乐。于是，他提出请原一平吃一顿饭，而原一平却请求这位大老板买他的一份保险，老板答应了。接着这位大老板又把原一平介绍给许多商场上的朋友。

通过这件事，原一平初次尝到了微笑的魔力，后来，他进一步通过观察发现世界上最美的笑是婴儿的笑容，那种天真无邪的笑，散发出诱人的魅力，令人如浴春风，无法抗拒。因此，他开始练习微笑。

有一段时间，他练习太入迷，因为在路上练习大笑而被路人误认为精神有问题。他甚至在睡觉时都会常常“笑”醒，并跑到镜子前去练习。“噢，你看，这种表情正确吗？”他问来到他身旁的妻子。“喂，你有没有搞错！深更半夜爬起来干什么？”“嘘，没什么。”他继续练习。“喏，这个样子好像就对了。”“哎哟，太难看了吧！”“别乱说。现在好些了吗？”“哦，是好看些了。”“这就是痛快的笑啊！”

经过长期的练习，他掌握了38种笑：逗对方转怒为喜的笑，安慰对方的笑，岔开对方话题的笑，消除对方压力的笑，重修旧好时的笑，两人意见一致时的笑，吃惊之余的笑，挑战性的笑，大方的笑，含蓄的笑，假装糊涂的笑，心照不宣的笑，遭人拒绝时的苦笑，压抑辛酸的笑，无聊时的笑，郁郁寡欢时的笑，热情的笑，自认倒霉的笑，使对方放心的笑……他的笑达到了炉火纯青的地步，他可以针对不同的客户展现不同的笑容；用微笑表现出不同的情感反应，用自己的微笑让对方露出笑容。

其实，世界上最伟大的推销员乔·吉拉德也曾说：“当你笑时，整个世界都在笑。”实际上，微笑给我们带来的，不仅是良好的人际关系和顺心的工作状态，更重要的是，我们在训练微笑的过程中，获得了一份好心情，有了好心情，自然万事如意了。

在日常生活中，你若想获得一个好心情，你可以这样做：当你在生气的时候，找一面镜子，对着镜子努力做出笑容来，持续几分钟之后，你的心情会真的变得好起来。这种方法叫作“假笑疗法”。

实验证明，这种方法很有效果。每天早上，如果你能对着镜子笑一笑，那么，接下来的一整天，你都会有好心情。

总之，当我们烦恼时，不妨“装”出一份好心情，多回忆曾经愉快的时光，用微笑来激励自己。正如英国小说家艾略特所说：“行为可以改变人生，正如人生应该决定行为一样。”

挣脱内心束缚，无所畏惧向前行

勇敢的人有着超强的能量，他们能坦然面对人生的坎坷和挫折，也能够勇敢地面对自己的内心。他们从不畏惧，既不畏惧未知的未来和来自外界的一切挑战，更不畏惧自己，能够坦然面对自己的缺点和不足；面对自己所犯下致命错误，他们也从不逃避和畏缩，而是勇敢面对，勇于承担责任。人们常说，人最大的敌人是自己，由此可见，强者都是已经战胜和超越自己的人，他们挣脱了内心的束缚，才能无所畏惧，勇往直前。

对于真正的强者，厄运总是绕道而行。其实这只是一种感觉，因为厄运并非真的绕道而行，只是因为强者能够坦然面对人生的种种不如意，即使在大灾大难面前也能保持坚强果敢，所以才说灾难绕道而行。即使面对同样的事情，强者和弱者也往往有截然不同的反应。也许弱者会觉得大难临头，而强者却对此不以为然，马上就作出合理的预想，从而圆满解决问题。由此可见，并非遭遇的厄运不同，而只是强者和弱者面对厄运的心态和行为不同。

不得不说，能够自我救赎的人，是强者中的强者，是真正的强者。正如前文所说，强者不会推脱和逃避责任，而是勇敢面对。假如强者还经常进行自我反省，反思自身的缺点和不足，并且努力完善和提升自我，则他们的力量会变得更加强大。尤其是当意识到自己误入歧途或者偏离人生轨迹时，强者更能够随时进行自我校正，时刻保持正确的人生方向。内心的强大使强者无人能敌。

英、法、德三国的三个将军分别带着各自的士兵，同时搭乘一艘战舰。时值太平，他们便在一起谈天说地。当说到谁的士兵最勇敢时，三个将军争执不休，都说自己的士兵最勇敢。此时，英国将军喊来自己的士兵，说："你爬上这根三十米高的桅杆，然后跳进海里。"士兵一言不发，马上开始攀登桅杆，到达指定高度时，毫不犹豫地跳进海水里。英国将军得意极了，说："看看吧，这就是真正的勇敢。"

德国将军也不甘示弱。众所周知，德国军队向来纪律严明，军令如山。因而德国将军胸有成竹地喊来一个士兵，说："你爬到这艘军舰的瞭望塔上，那里差不多六十米高，你要从那里跳进海里。"那个士兵也一语不发，毫无条件地执行了将军的命令。这时，德国将军非常骄傲地对英国和法国的将军说："看到了吧，六十米的高度，证明了我的士兵最勇敢！是真正的强者！"

接下来，只有法国将军了。法国将军喊来不远处的一个法国士兵，以异常严厉的口吻命令："你，现在，马上给我从栏杆上翻过去，跳进海里。"原本，英国和德国将军以为法国将军如此声色俱厉，将要发布什么严厉的命令，当听完法国将军的命令后，他们都不仅哑然失笑。而此时此刻，法国士兵却毫不犹豫地说："你疯了吧！"说完，这个士兵毫不畏惧地转身离去，似乎他训斥的是自己的孩子一样。这时，法国将军哈哈大笑起来，说："看到了吗，我的士兵才是真正的强者，因为他懂得自我救赎！"

英国和德国的将军发布的命令之所以能够得到执行，无非是士兵畏惧他们是将军，因而宁愿冒生命危险，也不愿意违背将军的旨意。法国士兵呢，虽然将军说得声色俱厉，但是因为将军提出的是无理的要求，所以他遵从自己内心的判断，毫不迟疑地拒绝了将军，甚至怒斥将军一定是疯了。不得不说，法国士兵更勇敢，一则他敢于违背将军的旨意，二则他很清楚自己内心的选择。

真正的勇敢，并不是在心中排斥的情况下强迫自己做某件事情，以此证明自己的勇敢。真正的勇敢是不需要证明的，那是发自内心的勇气，无人能够与其对抗。勇敢者不会为了逞能而拿自己的生命开玩笑。生命是宝贵的，身体发肤皆受之父母，因而他们牢记一定要保护好自己的生命。所谓留得青山在，不怕没柴烧，只有生命存在，人才能有更多的机会做勇敢的事情。勇敢不是莽夫之勇，而是充满智慧的选择，是高情商的表现。这才是真正的强者所为。

从兴趣出发，会让你充满热情

什么才能让你感到灵魂得到了升华？什么才能填满你的内心、让你感到喜悦？你究竟对什么东西入迷过？只要回答这些问题，便能明白自己的本质，那便是真正的你。一个人，只有找到令自己最感兴趣的事物，才能激发出自己的激情，才能让自己狂热起来，才会有所成就。

我国古代大教育家孔子曾说：“知之者不如好之者，好之者不如乐之者。”德国文学家歌德说过：“哪里没有兴趣，哪里就没有记忆。”科学研究表明，人一旦对某种活动或某个事物产生兴趣，他就会倾注热情，就能提高从事这种活动的效率。事实上，很多成功者也都是在他们热衷的领域内发挥自己的才能，最终取得一定成就的。

科学家丁肇中用6年时间读完了别人10年的课程，后来发现了“J粒子”，是第一位获得诺贝尔奖的华人。记者问他：“你如此刻苦读书，不觉得很苦很累吗？”他回答：“不，不，不，一点儿也不，没有任何人强迫我这样做，正相反，我觉得很快活。因为有兴趣，我急于要探索物质世界的奥秘，比如搞物理实验，因为有兴趣，我可以两天两夜，甚至三天三夜待在实验室里，守在仪器旁。我急切地希望发现我要探索的东西。”

的确，人作为一种生物，所有的行为都是直接或者间接按照自己意志选择的，而这一切都必须要有足够的动机——可能外界的压迫或者一时的发愤可以暂时充当这种动机，但是任何被动的行为都是无法持续太久的。只有有了内在的动力——兴趣，奋斗、努力的行为才能够高效地保持下去。我们熟悉的玛丽·居里的丈夫比埃尔·居里也是我们学习的榜样，他的经历同样告诉生活中的我们，从兴趣出发，会让你充满热情，会给你带来无穷的力量。

比埃尔·居里于1859年5月15日生于巴黎一个医生家庭里。他在童年和少年时期并没有显示出与众不同的才华，那时候的他在性格上好个人沉思，不易改变思路，沉默寡言，反应缓慢，不适应普通学校的灌注式知识训练，不能跟班学习，人们都说他心灵迟钝，所以他从没有进过小学和中学。

为此，父亲常带他到乡间采集动、植、矿物标本，培养了他对自然的浓厚兴趣，让他学到了观察事物和解释它们的初步方法。居里14岁时，父母为他请了一位数理教师，他的数理进步极快，他16岁便考得理学学士学位，进入巴黎大学后两年，又取得物理学硕士学位。1880年，他21岁时，和他哥哥雅克·居里一起研究晶体的特性，发现了晶体的压电效应。1891年，他研究物质的磁性与温度的关系，建立了居里定律：顺磁质的磁化系数与绝对温度成反比。他在进行科学研究中，还自己创造和改进了许多新仪器，如压电水晶秤、居里天平、居里静电计等。

比埃尔·居里的成功让我们明白，一个人爱好学习，勤奋读书，就会学有所获。其实，不仅是学习，要想建筑成功的大厦，就必须有先天的或经后天培养而成的兴趣基础。有了兴趣，才有可能培养和形成敏锐的感觉与反应，累积可供运用和发挥的技术与技巧。有了兴趣，才有无穷的动力使你在某个领域当中越钻越深。有了兴趣，才有勤奋，有了勤奋，才能成就辉煌和成功。

因此，我们在作自我剖析前，一定要记住尼采的话，只有先搞清楚让自己狂热的事物是什么，才能找到努力和奋斗的方向。一个人如果在自己感兴趣的领域里从事自己最擅长的事情，那么，他成功的概率就会大大增加。

第 06 章
走慢一点，生活的意义不只是忙碌

人生漫漫长路，总有泥泞不堪，总有荆棘满丛，但只要心中怀着希望，就可以一步一步慢慢地走下去，且行的路途中不轻言放弃，哪怕走到绝路的时候，也能咬着牙坚持下去，做自己人生的光。

心中有激情，眼里尽是风景

一些登山者像野兽一样，征服了一座座高峰，坚持不懈，但他们忽略了途中的美景。无论是登山还是工作，太过忘我、忘却其他的一切，都是愚蠢的。人生路上，眼里只有目标，人生便会迷失。在人生的旅途中，目标固然重要，但我们更不能忘记欣赏沿途的风景！

人们常说，人生就是一次旅行，在这一过程中，只有翻山涉水，不惧艰辛，走过忧郁的峡谷，穿过快乐的山峰，蹚过辛酸的河流，越过滔滔的海洋，才能走到生命的最高峰，领略美好的风景——诚然，我们不能否认这一点，但人的一生是短暂的，我们若总是把眼光放在前面的事物上而错过了眼前的美景，那么只能空留遗憾。

现实生活中的很多人，他们一直信奉勇往直前的原则，向往着未来的、他人的生活，于是，他们总是在马不停蹄地追赶，但时过境迁，等青春年华不再时，他们才知道自己已经错过了生命里最美的时光。

有个成功的企业家，他的创业之路可谓一路艰辛。他从十几岁就开始给别人帮工，每天都是早起晚睡的，好像就没有休息过，也没有参加过任何的娱乐活动。那段日子里，他的梦想是，将来有一间自己的铺子就好了。

几年后，他终于开了一间铺子，生意不错。此时，他告诫自己，自己的生意，更不能放松，于是仍然起早贪黑，匆匆忙忙，休息时间更少了。他想，等将来生意做大了就好了。

又过了几年，他的生意果然做大了，他拥有了数间很大的门市，每天面对几百万元的资金流动，他更不敢放手给别人去做，还是自己苦拼，联系货源，接待客户，管理账目……没黑没白，忙得如有狼在后面追一般。看他真的好辛苦，有人就劝他："你放一放可以吗？好好地休息一天，看看世界会不会大变！"

他回答："不行，我不做时，别人会做的，前面的那些大户我会追不上的，后面一些中小户又追上来，放一放，我会落在后面的。"

终于有一天，他累倒了，被迫躺在病床上不能动了，以前高速运转的日子一下停下来，他终于可以静静地想一下匆匆而过的人生了。有一次，他看到一个病人被抬进手术室再也没回来。那个病人很年轻，刚刚还与自己谈过出院后要去旅行。他看着对面空空的病床，心不由一震，顿时大彻大悟了：人由生到死其实只是一步的事，这一步，自己却走得太过沉重啊！一直以来，自己的名利心太重，想要的太多，而真正得到的却很少。如果不是这次病倒，他会一直拼到五十岁、六十岁，甚至更久，没有娱乐，没有休息，最后两手空空地离开这个世界，这是一件多么可悲的事啊！康复后，他像换了一个人似的，生意还在做，只是不那么拼命了，他不再去追前面的大户，也不怕后面的小户追上来，甚至错过一笔很有赚头的生意也不会在意，人们经常可以在高尔夫球场上看到他，有时他也悠闲地与他的家人坐飞机到外地旅游。

他终于懂得了生活的意义，终于找到了所谓的放下——这颗人生中最宝贵的钻石。

生命如此脆弱，假如你有一个“行千里路”的梦想，却被周遭的事物牵绊住的话，那么终有一天，生命会因不堪重负而轰然倒塌，而你的梦想从未实现。

因此，生活中忙碌的人们，我们应懂得适可而止，再忙，也要偶尔停下脚步去欣赏一下周边的风景，我们要学会洒脱地面对生活，面对生命。只要潇洒一点，你的心就不会老去，心中永远有用不尽的激情，眼睛里时时刻刻都是新鲜的风景，这样的生活会让我们萌生无限的遐想和向往。让我们在清晨的阳光下上路，追随着潇洒者的足迹，一起感悟那些在路上折射出来的无尽的哲思之美。

适时放慢脚步，让心回归

现代社会，随着生活节奏的加快，竞争的日趋激烈，经济压力的逐渐增大，人们穿梭于闹市之间，面临生活中的许多危机，以至于无法平静自己的内心，有些人因为难以调适自己的内心甚至产生了心理问题，长此以往的消极应对及负性情绪会使个体出现诸如焦虑、抑郁、神经衰弱、轻度躁狂等心理疾病，不但影响自己的生活、工作，也会对家人造成不必要的“伤害”。

行走于世，我们每个人都应该学会放慢脚步，给自己一个舒缓神经的机会，这样，我们才能收拾好心情继续上路。

萨依特曾是埃及的一位政府高官，34岁就做了副市长，可谓前程一片灿烂。可惜，就在他飞黄腾达的时候，他主管的城市却发生了一场火灾，于是他被免职。那年他37岁。离官退位后，萨依特的周围依然是一些显赫的人士，富翁，高官，大财团的董事长……大家都为萨依特惋惜，认为他会非常痛苦，最少也要来找他们帮忙。谁想，萨依特却回到乡村，过起了平民百姓的生活。

他在自家的小菜园里种菜，施肥，捉虫，过得平淡而有滋味。没事的时候，他就走村串巷，收集一些民间陶器。生活中，他从不理会别人的富贵，更不去羡慕别人的日子，我行我素地过着自己的简朴岁月。

由于他的知识和才能，他很快就在收藏上有了很大造诣。七八年过去，他竟然收集到了几十件世界顶级的民间珍宝。商人蜂拥而至，萨依特卖出的每一件，价格都高达上千万美元。有人问萨依特，你怎么会在收藏上有这么大的成就？萨依特说，因为我过得十分简单，从不盲从地去羡慕别人，清静的生活让我可以一心一意地鉴别陶器。

不去羡慕别人的生活，这使萨依特不但摆脱了烦恼，也把收藏做到了罕见的境界，成为世界级收藏大师。

因此，当我们觉得“累”了的时候，不妨告诉自己，该放松了。为此，我们可以采取以下放松的方式：

1. 旅行

旅行可以增长我们的见识，在此过程中我们会发现某些更符合自己内心愿望的爱好，而且真实见过的往往会比只在书上看过的或者听人说过的更有触动性。另外，一个爱好旅游的人往往心胸更广阔，更有解决问题的创意。

2. 音乐

音乐作为一种艺术，它之所以打动人，是因为它能以动感的声音方式表现出一种情感，它所蕴涵的宁静致远、清淡平和，可以使终日奔忙、身心俱疲的现代人得到彻底的放松。

在音乐的圣殿中，我们能暂时忘记生活的烦琐，工作的不顺，能获得音乐给予我们的心灵滋养。音乐能够影响人的情绪、调节生理状况，经常听一些旋律优美、节奏轻快的音乐，不仅可以调节情绪，还可以稳定心境，起到镇静、降压、催眠等效果。

3. 舞蹈

当你随着音乐起舞的时候，你的音乐感、音准、韵律、节拍的敏感度和数学逻辑都得到了提高，脑部及身体协调能力也得到了锻炼。

4. 读书

书是人类进步的阶梯，“腹有诗书气自华”，俗语“读万卷书，行万里路”说的也是这个道理，读书可以让我们见闻广博。

当然，除了以上选择外，我们还可以使用下面的方法：

宁静调适法。找一个僻静的地方，让自己的身体、心理完全放松，尤其是要放松思想，做到宁静、愉悦自得、恬淡虚无，少思、少念、少欲、少事、少语、少乐、少喜、少怒、少好、少恶行。

主动休息。主动休息可消除疲劳、增强机体免疫和抗病能力，使人保持旺盛的工作精力。

改善睡眠。躺在床上，闭眼、自然呼吸，把注意力集中在双手或双脚上，全身肌肉放松。每天坚持练习，会有良好的效果。

巧用镜子。站在镜子面前做三四次深呼吸，凝视眼睛深处，告诉自己会得到所要的东西。

好心情是自己调整出来的，良好心态是对各种生活的适应。对于在繁华闹市中生活的人来说，关键是要把自己的心境、快乐锁定在现在，注重当下对生活的体验，而不要一味地沉迷过去，也不要过多地担心未来。

因此，要释放自己的内心，我们就要学会享受生活，完善内心修养，增强自身能力，争取更大的空间和更好的生活质量。

新的一天来临了，放慢你的脚步吧，生活中有太多值得我们慢慢感悟的幸福！你不必羡慕他人光鲜亮丽的穿着，也不必再去向往周围拔地而起的高楼琼宇，只要你用心体会，你会发现，当下的生活，足以让你重拾快乐，享受幸福。

欣赏生命旅途中的美好风景

为了追求那些生命中可有可无的东西，我们不知不觉间已经走得太快了。我们整日忙忙碌碌，穿行在或大或小的城市中，却没有注意到自己已经错过了生命中很多难得一现的风景。看着城市交错复杂的地铁线路图，再看看那些整日穿梭在地上地下的城市白领、蓝领、金领，你是否会不由得问自己：活着，是为了什么？是为了享受过程，还是为了奔向终点？其实，人生既是漫长的，也是短暂的。人生有时漫长得需要我们去慢慢地熬，有时却又短暂得只在一睁眼一闭眼之间。正如著名艺人小沈阳所说的，眼睛一闭，一睁，一天过去了；眼睛一闭，不睁，这辈子就过去了。如果问，大多数人都会说人生最重要的是过程，然而，现实情况是，很多人已经忽略了过程，而是为了那个看似遥远其实很近的终点活着。忽略了风景也许还不是最严重的事情，只是少了一些美好的感受而已；有些人，甚至因为忙碌而忽略了自己身边的亲人、朋友，失去了最宝贵的亲情、友情。所以，请放慢脚步吧，看看你生命旅途中的美好风景，关心关心你生命中最重要的那些人。

一位年轻的总裁开着他的新车经过住宅区的巷道。他必须留心正在玩游戏的孩子突然跑到路中央，所以当他觉得小孩子快跑出来时，就要减慢车速。

就在他的车经过一群小朋友的时候，一个小朋友丢了一块砖头打到了他的车门，他很生气地踩了刹车并后退到砖头丢出来的地方。

他跳出车外，抓了那个小孩，把他顶在车门上说："你为什么这样做，你知道你刚刚做了什么吗？"接着又吼道："你知不知道你要赔多少钱来修理这台新车，你到底为什么要这样做？"

小孩子求着说："先生，对不起，我不知道我还能怎么办……我丢砖块是因为没有人停下来……"小朋友说着说着，眼泪从脸颊落到车门上。

他接着说："因为我哥哥从轮椅上掉下来，我没办法把他抬回去。你可以帮我把他抬回去吗？他受伤了，而且他太重了我抱不动。"

这些话让这位年轻的总裁深受感动，他抱起男孩受伤的哥哥，帮他坐回轮椅上，并拿出手帕擦拭他哥哥的伤口，以确定他哥哥没有什么大问题。

那个小男孩感激地说："谢谢你，先生，上帝保佑你。"

年轻的总裁看着男孩推着他哥哥回去后，自己慢慢地、慢慢地走回车上，他决定不修它了。他要让那个凹洞时时提醒自己，不要等周遭的人丢砖块过来了，自己才注意到生命的脚步已走得过快。

我们总是在不知不觉间就已经走得太快，快到如果没有人提醒我们，我们自己根本无法意识到自己步履匆匆。曾经，我很羡慕从电视屏幕中看到的大都市白领们行色匆匆的生活，待到真正地身处其中，我才渐渐开始反省自己，这样奔波忙碌到底是为了什么？错过了生命中所有美丽的风景，所有重要的人，所有值得品味的心情，人生还剩下什么？故事中的年轻总裁会由责备那个小男孩变得感激那个小男孩，正是因为小男孩飞过来的那一块砖头使他突然警醒，意识到生命应该放慢脚步，慢慢欣赏。

当生命想与你的心灵窃窃私语时，若你没有时间，你有两种选择：倾听你心灵的声音或让砖头来砸你！请问你是否曾因为生活太快、太忙碌而忽略了你所爱的人，然后开始怀疑你是不是真的爱他们呢？请问你是不是曾经因为走得太快而忽略了路边的风景，盲目地奔到了目的地，却毫无所获呢？如果你的答案中有一个甚至几个“是”，那么，请你放慢脚步吧！

对于生命的旅途而言，最重要的是过程，而不是目的地。行色匆匆的人只能算是一个长跑运动员，而不能算是一个欣赏美景的旅行者。

放慢自己的脚步吧，看一看沿途的美景。我们无法改变生命的长度，却可以改变生命的宽度，使生命变得更有意义。抽时间陪陪自己最爱的人吧，因为，他们不会在乎你有多大的成就，而只是想和你一起静静地看夕阳，品香茗！

从现在开始停下来歇一歇

我们常常说人生是短促的，仿若弹指一挥。的确，人生是很短暂，只有几十年的时间，和我们要做的事情比起来，时间简直太珍贵了。然而，人生也是漫长的，对于那些无所事事的人而言，每一天都似乎漫长得没有尽头。因此，为了充实我们的人生，我们应不断地对自己提出更高的要求和准则，让自己每一天都过得充实而有意义。为了使自己有限的人生大放异彩，我们甚至恨不得把一天当作两天用。为此，我们给自己制订了很多的目标，让自己马不停蹄地向着自己的目标奋进。但是，人不是机器，即使是机器，也需要停下来休息，也需要维修和保养，更何况是血肉之躯的人呢？当我们习惯了朝九晚五的生活，当我们每一天都融汇在川流不息的人群中、在这个城市的地上地下奔波，当我们已经很久没有看到朝阳和落日时，我们有必要扪心自问：生活，是为了什么？我们似乎已经只能接受成功，接受忙碌，而无法接受失败，接受清闲。我们急匆匆地奔向人生的目的地，全然忘记了人生最重要的不是终点，而是过程。所以，让我们坦然面对失败吧，因为人生并不只是一路绿灯，偶尔也会有红灯。当遭遇红灯的时候，我们有什么必要沮丧呢？与其心急地诅咒这可恶的红灯，我们不如趁着红灯的时候静下心来想一想自己的生活，或是和身边的爱人相视一笑，和孩子说个短短的笑话。这不很好吗？一味地往前奔跑是百米赛跑，走走停停，才是人生。

自从结婚生子之后，大海像是上紧了发条的闹钟，一刻也不得闲。每个月，除了要还房贷、车贷之外，还要养育孩子，这使大海成了不折不扣的房奴、车奴、孩奴。看着每天都加班到深夜的大海，妻子很心疼，几次说："大海，休息休息吧，工作是永远也做不完的，钱也是挣不完的。"大海却说："趁着年轻，多挣点儿钱吧，这样，以后咱们的生活会好一些。"对此，妻子很心疼，却没再说什么。

有一次，因为连续几天一直在加班，大海在处理公司的标书时写错了一个小数点。这给公司带来了巨大的损失，使原本能够中标的他们与这次难得的机会擦肩而过。为此，公司领导非常生气，让大海回家反思几天。看着郁郁寡欢地回到家中的大海，得知真相之后，妻子并没有责备大海，反而像逢年过节一样兴高采烈。大海不理解妻子的表现，妻子说："平时，你总是舍不得休息，这下好了，终于可以踏踏实实休息几天了。"在妻子的劝导下，大海放下了工作上的烦恼，每天早晨和妻子一起送女儿去幼儿园，然后去市场买菜，回家之后，他们一个择菜洗菜，一个掌勺，做出一桌丰盛的佳肴。在妻子的建议下，他们还补度了蜜月，去了趟妻子心仪已久、大海却始终没有时间陪妻子去的青岛。在青岛，看着真正的辽阔无边的大海，大海顿时觉得心胸开阔起来。和妻子、女儿朝夕相处的这段时间里，他才意识到妻子一个人负责照顾女儿和家庭其实是很累的，而亲眼看着女儿的成长又是多么快乐的事情。

入夜，在海风的吹拂下，他们一家三口行走在青岛的大街小巷。妻子感叹道："要是每天都能这样多好啊！"这时，大海意识到："妻子也许不需要大房子、好车，而只需要健健康康、快快乐乐的我的陪伴！"回家之后，大海向公司递交了辞呈，他想找一份不需要天天加班的工作，能够有更多的时间陪伴妻子，看着女儿成长。他知道，和房子、车子等等比起来，这才是最重要的！

现代社会，有多少人过着像大海一样的生活？他们已经习惯了忙碌，习惯了披着星星出门，顶着月亮回家。他们尽管和家人同在一个屋檐下，却很少有交流，因为他们所有的心力都被工作耗尽了。大海很幸运地犯了一个错误，所以才能有时间闲下来享受生活的美好。如果不是领导让他回家反思，也许他还要很久才能意识到这一点。有的时候，挫折就像是人生的红灯，我们不要因为等红灯而焦虑，它恰恰可以让我们有些许的空闲休息休息，反思自己的生活。

生活并不是只有目的地的赛跑，而是一次精彩的旅行，重要的在于观赏沿途的美景，而不是不顾一切地往前冲。否则，你会发现自己在无意间错过了生活中最美好的景致。走走停停才是人生，假如你一直很忙，那就从现在开始赶紧停下来歇一歇吧！

努力享受人生过程，才不枉此生

如果一个人因为行色匆匆地奔向终点而忽略了沿途的风景，那么，即使他最终实现了梦想，也必然感到人生的空洞和虚无。的确，梦想是人生的引航灯，但是梦想并非人生唯一的目的。对于人生，我们只有重视过程，才能收获满满。否则，即使实现远大理想，也无法充实人生。其实，很多成功人士在追求成功的路上，并非一味地盯着成功的彼岸，而是努力地走好人生的每一步，抓住当下的每一天，所以才能在机会到来时候紧紧抓住。通往梦想的路上，不但有付出的百般艰辛和诸多努力，也会有很多美妙的风景和值得我们牢记一生的时刻。

和获得成功的结果相比，享受成功的过程更为重要。否则，即使实现了梦想，也会感到空虚。生活中，有的人为了伟大的理想而放弃爱情，忽视家庭，甚至根本没有时间陪伴家人，直到临近生命的终点，蓦然回首时，才发现错过了人生中最美丽的风景和最值得珍惜的人。不得不说，这是一种莫大的遗憾。泰戈尔说，虽然天空中没有留下翅膀的痕迹，但是鸟儿已飞过。这就是对于人生的诸多体验带给我们的丰实和充盈。如果说理想是绚烂的花朵，那么人生旅途中的风景就是陪衬的绿叶，只有在绿叶的呵护和陪伴下，花朵才能更加引人夺目。如果说理想是新生的太阳，那么过程就是天边的朝霞，衬托得太阳更加光芒四射。总而言之，充实的人生绝对不能错过精彩的过程，唯有从现在开始更加努力地享受过程，我们才不枉此生。

作为英国大名鼎鼎的科学家，焦耳从小就表现出对物理学的浓厚兴趣。他经常做一些和电、热相关的物理学实验，并且从中受益匪浅。有一年，焦耳很想知道电流的特性，因而让哥哥牵着一匹瘸腿的马，自己则躲在后面用电击马。结果马通电之后突然狂跳不止，险些把哥哥踢伤。不过，这次危险的事情并没有打消焦耳对于实验的积极和热情。为了验证回声的大小，他又和哥哥一起来到了群山环绕的湖面上。他们用火药塞满枪膛，然后对着群山扣动扳机。不想，火苗肆虐而出，不但差点儿把哥哥吓得掉进湖水里，还把焦耳的眉毛都烧焦了。

这时，天气突然变化，乌云压顶，眼看着暴风雨就要来了。和哥哥一起划船朝着岸边驶去的焦耳，无意间发现闪电总是比雷声早好几秒种，不由得感到非常惊奇。焦耳根本顾不上躲雨，一到岸边就拉着哥哥去到一个山头上，并且拿出怀表严格记录闪电和雷声之间的时间差。后来，焦耳把自己的发现告诉物理老师，并且向老师请教。老师为焦耳揭示了真相："光的速度比声音的速度快，所以人们总是先看到闪电，再听到雷声。实际上，闪电和雷声是一起发生的。”老师的解答让焦耳恍然大悟，从此之后，他对物理学更感兴趣了。最终，焦耳通过不懈钻研，最终发现了热功当量和能量守恒定律，成为了举世闻名的科学家。

如果没有过程的艰难，就无法让人们深刻意识到成功的来之不易。人生中如果没有苦，我们又如何知道甜的滋味呢！就像焦耳，他从小就为了科学实验吃尽了苦头，却从来没有放弃对科学的热爱，他始终不遗余力地努力，这才为自己的人生之路奠定坚实的基础，成为了一名科学家。我们虽然都是普通人，但是也需要圆满和充实的人生。任何情况下，都不要因为人生过程的艰难曲折而抱怨，我们唯有坚定不移地勇往直前，才能最终获得充实丰满的人生，抵达成功的目的地。

冲动一次，给自己的身体或心灵放放假

曾经在网络上流行这样一句话：“世界很大，我想去看看。”这句话说出了多少困于钢筋混凝土建筑中的年轻人的心声，一些人甚至真的开始了一段说走就走的旅行。的确，忙碌的工作、烦琐的生活，让原本年纪轻轻的他们感觉疲惫不堪，那么，你可曾问过自己，这是你想要的生活吗？

青春本来就是迷茫的年纪，处于困惑中的年轻人，追随你的内心吧，去选择，去冒险。人生不会重来，现在想去做什么，就去做，不要等到年老了再后悔。

身处现代社会的年轻人，你的压力到底有多大？无形的压力主要源自三个方面：工作、经济、健康。每天面对这些烦琐的问题，你难免产生不良的情绪。于是，越来越多的人开始寻找减压之法。

曾经有人说过，或读书，或旅行，身体和灵魂，总有一个要在路上。读书可以让我们增长知识，而旅行可以让我们开阔视野，我们在增长更多见识的时候会发现某些更符合自己内心愿望的爱好，而且真的见过的比只在书上看过或者听人说过更有触动性。

英国作家汤玛斯说："书籍超越了时间的藩篱，它可以把我们从狭窄的目前，延伸到过去和未来。"读书是一趟深入自我的探险旅程，是实现自身价值的一种途径，书籍的背后是一种文化的底蕴，有了这种探险的历程和这种文化的力量，我们定会在一本本书中看清自己，看清过去和未来，并在不间断的思考中发现自己的潜能，走出狭隘，驱散浮躁，在心中开启一扇扇智慧之窗，开阔视野，涵养性情，丰富自我，修炼人格，为步入幸福的殿堂开辟一条绿色通道。

生活中的年轻人们，多读些书吧，读些好书。会读书的人都是身心健康的人。因为，书能给我们的心灵最深处带来滋养，当我们被尘世所烦恼的时候，书会带我们步入一个世外桃源，一个脱离了纷扰现实的精神殿堂。

歌德说："读一本好书，就是和许多高尚的人谈话。"书籍是人类进步的阶梯，是智慧的源泉。然而，什么样的书才算是好书呢？我们不妨先来看下面这篇日记：

自从穿上了这身囚服，我才知道什么叫寂寞，我才发现自由是多么可贵。我陷身于一种无法倾诉的无奈，仿佛广袤沙漠里没有一丝风。牢房里，虽然不乏各种新闻，也不乏各种话题，但我不感兴趣。也许是因为环境特殊吧，彼此都害怕对方窥视自己的内心世界，所以人人都不得不心墙高筑。在这种氛围里，那份孤独就显得更加沉重和百无聊赖。

于是，为了打发时光，空余时间我便拿出书来读。刚开始，我看的是一些修养身心的书，我不急不躁，细嚼慢咽，居然读了进去。接下来，我又喜欢上了一些道德、法律方面的书，竟让我读出了心得，读出了情感。到后来，我已不光读，而是在"听"了——听哲人谈人生道理，听名人谈生活经验，听学者对世事的看法，听强者怎样面对挫折。

时间久了，读的书多了，我才发现自己真的错了，以身试法是多么愚蠢啊！不过现在还来得及，于是，我拿起久违的笔抒发对亲人的思念、检讨曾经的得失……一篇文章的构思过程，就是一次心灵净化与充实的过程，虽然难免有忧伤，有惆怅，但我不浮躁，不空虚。曾经失落、沮丧的心绪已渐渐舒展，漫长的时光已不再无聊，不再孤寂。这是否算一种境界，一份收获？

我曾经暗叹漫长的牢狱生活，如今却发现如果能够做到把刑期当学期，便可以学到许多对自己有用的知识。学会在寂寞中充实自己，人生才会感到充实，才能得到许多意想不到的收获！

看到这篇日记，我们不得不感到欣慰，孤寂的牢狱生活并没有让他再次堕落，他选择了以读书来充实自己的内心。因此，我们可以确定的是，他所读的书是能开启他正确人生之路的钥匙，在读书的过程中，他能达到心灵的平静，能从书中获得人生的感悟和体会，能始终保持着一份纯净而又向上的心态，从而更好地投入新的生活中。

书中自是知识的海洋，其实，爱上阅读并不是什么难事，关键是你要懂得读什么书，怎么读书，慢慢养成良好的读书习惯，你就会爱上读书。为此，你不必刻意追求读书的数量。的确，我们不得不承认，现在市场上充斥着各种书刊，并非什么书目都是适合我们阅读的，真正有品位、适合鉴赏的寥寥无几。

因此，我们要读好书，否则就是浪费时间阅读垃圾文字。

另外，要学会带着感情阅读，这有利于培养自己的表达能力以及想象力。同时，你还可以写一些读书笔记，写出自己的感受。再者，睡前是最佳阅读时机，浅睡眠时期最容易进行无意识的记忆，因此睡前的阅读一定要把握。

旅游，是生活中的最大乐事。旅游虽然要花去不少钱，但它给人们带来的欢乐无穷无尽。一次愉快的旅游，会使你终生难忘。

自然能净化人的心灵，让人回归淳朴的状态，在大自然里，一切声音，如风声、雨声、涛声，都是最动人的音乐，徜徉在大自然里，能让人心旷神怡，这样的快乐，大概只有那些爱自然、爱旅行的人才能听得懂、看得到。

旅行能欣赏风光，增长见识。旅游是个综合性的活动，它具有很大的学问。简单地说，旅游包含着天时、地利、自然、考古、建筑、园林、动植物学、方言、风土人情、饮食文化、地方土特产等。这些我们在旅游中都能碰到，虽然我们不会对这些项目进行特殊研究，但在旅游中，不妨做个有心人，有必要了解一下，权且把旅游的过程当作一个考察学习、增长知识的过程。

因此，长时间被围困在钢筋水泥建筑里的年轻人们，不妨偶尔冲动一次，给自己的身体或者心灵放放假吧！

第 07 章 人只有在独处时，才成为他自己

成长是一场孤独的冒险，然而，生活中有很多人为了融入某个群体，而背离自己的初心，迷失了方向。人生如同谱写一首乐曲，有休止符，才能让音符排列得更和谐。人是需要独处的，只有在独处时，人才能成为他自己。

发现自己，不时孤独和沉思

我们都知道，人是一种社会性的动物，我们需要与人交往，需要爱与被爱，否则就无法生存。世上没有任何人能够忍受绝对的孤独，但是，绝对不能忍受孤独的人则是一个灵魂空虚的人。不知是哪位诗人说过："爱你的寂寞，负担它以悠扬的怨诉给你引来的痛苦。"事实上，我们可能没有认识到的一点是，这种因寂寞而引发的痛苦恰恰是我们最应该珍视的礼物。当我们独处的时候，我们虽然陷入了孤立的境地，但正因为如此，我们才有机会静下心来思索自己的人生，才有机会聆听自己内心的声音。

挪威航海家弗里德持乔夫·南森说："人生的第一大事是发现自己，因此，人们必须不时孤独和沉思。"是啊，学会适时独处，你才会发现真正的自我。学会聆听自己的心声，你才能更加从容地上路。

夜幕降临，喧闹的城市也已经安静下来了。

林先生和所有的城市白领一样，在忙完一天后，他准备回家，但心情郁闷的他还是决定去呼吸一下新鲜空气。今天，他和上司吵架了，他们在下半年的年度计划安排上产生了很大的分歧，上司批评了他，他在考虑要不要辞职。

他把车停在了护城河边上，接下来，他打开了自己喜欢的轻音乐，然后靠在了椅背上。他觉得自己好累。在这家公司工作五年了，五年来，他一直很努力，但不知道为什么他好像总是得不到上司的肯定，也一直没有得到升职的机会。可以说，他在这家公司一直工作得不开心，这到底因为是自身存在问题还是因为没有得到肯定呢？

他反复思考着这个问题，最终，他发现，原来自己根本不喜欢这份工作，他一直倾向于设计类的工作，从大学开始，这就是他的职业理想，但毕业后的他为了生计问题选择了现在的工作。

想通以后，他轻松了很多。第二天，他将辞呈递上了上司的办公桌，然后离开了公司，这让很多同事感到愕然，但内里原因只有他自己知道。

这则案例中，林先生为什么作出辞职这个重大决定？因为他静下心后发现，自己的职业理想并不是现在的工作。这就是独处的力量！

的确，我们不是在喧嚷中认识自己，也不是在人群之中认识自己，而恰恰是在寂寞的时刻认识自己，于独居的时刻认识自己。任何一个拥有自我的人，都能做到静静地倾听自己内心的声音，以此认识到自己不为人知的另一面，这一面或许是为人处世中的不足与优势，或许是某种特长等，但无论是哪一方面，只要我们能及时探明，就有利于自身的发展。

闹市中的人是听不到自己心底的声音的。我们不难发现的一点是，我们生活的周围，一些人把命运交付在别人手上，或者人云亦云，盲目跟风。他们忽视了自己的内在潜力，看不到自身的强大力量，甚至不知道自己到底需要什么，不知道未来的路在哪里。于是，他们浑浑噩噩地度过每一天，一直在从事自己不擅长的工作和事业，以至于一直无所成就。因此，我们要做到的是倾听自己内在的良知的声音，寻找到属于自己的人生意义，然后勇往直前、坚持到底。

任何一个人，只有学会倾听自己内心的声音，才可能不断挖掘出自身发展过程中不足的部分。面对激烈的竞争，面对瞬息万变的环境，那些不愿意反省自己或者不愿意及时改正错误的人，必将面临衰败的结局。同时，在快节奏的信息社会中，一个人如果不能及时察觉自身的缺点，不能用最快的速度修正自己的发展方向，也必然会在学业和事业中落伍，在无情的竞争中被淘汰。

在独处时，我们能从人群和烦琐的事务中抽身出来，这时候，我们独自面对自己，开始了理智与心灵的最本真的对话。诚然，与别人谈古论今、闲话家常能帮我们排遣内心的寂寞，但唯有与自己的心灵对话、感受自己的人生时，才会有真正的心灵感悟。和别人一起游山玩水，那只是旅游；唯有自己独自面对苍茫的群山和大海之时，才会真正感受到与大自然的沟通。

总之，学会和自己独处，心灵才能得到净化。独处是灵魂生长的必要空间，只有静下心来，才能回归自我。心灵有家，生命才有路。只有学会和自己独处，心灵才会洁净，心智才会成熟，心胸才会宽广。

与优秀者为伍

西方有句名言：“与优秀者为伍。”日本有位教授叫手岛佑郎，通过研究犹太人的财商，他得出结论：“穷，也要站在富人堆里。”他后来还以此作书名，写成了一本著名的畅销书。当然，结识有能力者，并不是让你趋炎附势，这是一种学习他们的能力的方法，更能令你被他们积极上进的精神鼓舞。

人的情绪和心态都是能相互影响的，与积极者交往，我们也会变得阳光起来，我们会远离抱怨、自私、消极。然而，我们生活的周围，到处充斥着这样一些人：他们只会责怪别人不好、只会责怪社会，我们可以发现，他们中从来没有人会真正实现自己的梦想，因为这些人只顾着挑剔别人的缺点，却从来不关心、检讨自身的不足。对社会有诸多不满的人，不仅自己的人生前途黯淡，也会把这种不满的情绪传染给身边的朋友。相对而言，我们有必要有意识地尽量远离这些人，就算他们有别的长处，但毫无疑问，他们会成为你人生经历中的毒药。事实上，对世界充满抱怨的人，几乎无法在社会上立足，就连有没有其他“长处”也值得怀疑。

不是有这样的观念吗——“大多数人带着未演奏的乐曲走进了坟墓。”如果你想像雄鹰一样翱翔天空，那你就要和群鹰一起飞翔，而不要与燕雀为伍；如果你想像野狼一样驰骋大地，那你就要和狼群一起奔跑，而不能与鹿羊同行。与积极上进的人为伍，你就会离成功越来越近。

同时，与优秀者为伍，我们还会获得良好的人脉资源，这对于我们加快成功步伐是极有帮助的。人生立世，谁都想扶摇直上、成名成事，谁都不想一生默默无闻。当今社会，成功是人们梦寐以求的渴望。漫长的人生之路，有些人为追求成功付出了莫大的代价，最终却事倍功半。他们经常自怨自艾，他们满腹经纶，却始终没有出人头地的机会。事实上，要想成功，仅有旷世的才华还远远不够，还要拥有广泛的人际关系，当今社会，已经不是一个人单枪匹马就足以打天下的年代，任何一件事都需要人与人之间的通力合作，一个人成功与否，很大程度上在于他会不会应酬交际、能不能利用好人际这张关系网。

2005年某天，搜房网总裁莫天全与Trader公司的董事长John Mcbain共进晚餐。其间，John打算向搜房网投资2250万美元，以换取15%的股份。当时的搜房网并不急缺资金，也不需要融资，因此，董事会的成员大多不同意John的入股。然而，莫天全坚持让John入股，他认为：John是全球最杰出的企业家之一，Trader是全球最大的分众广告传媒集团，“对于公司治理、长远发展和规划，这两者都能给予我们启发和帮助”。

后来，正是因为John的帮助和引荐（John曾把Trader公司在大洋洲的地产资讯业务全部转让给了澳大利亚电讯），2006年8月31日，中国互联网终于迎来了年度最大一笔投资——澳大利亚电讯以2.54亿美元收购搜房网51%的股份。

或许，在正常人看来，出让15%的股份没有任何的意义，而莫天全却看到这中间的潜在商机，这就是一种会结善缘的能力。

我们要认识关键性的重要人物，就要做到：

1. 不局限于你经常接触的圈子

除非你本身已经是个很高端的人物，你需要主动去接触其他的社交圈子。譬如学生可以争取以志愿者的身份参与各种重要活动、成功人士讲座、校外会展等；毕业生可以争取进入一流大公司，通过职业交际结识更多的杰出人士。

2. 学会察人

人际交往中的察人，指的是从细小处掌握交际对方的动态。其实，生活中，很多时候，我们人生道路上的贵人并不是位高权重者，但他具有一些内在的潜质，我们要善于发现。我们可以从他的神态、表情中探查其内心世界，从言谈举止中细品其生活品位的高低雅俗。这是一门巧识人心的绝艺，当然，这需要我们有慧眼识人心的洞察术，能够一眼洞穿别人。

总之，与人接触是人成长中的重要一课，与积极向上的人为伍，所思所想、所见所闻均积极乐观，可以受到积极心态感染，使思想开朗豁达，从而像他们一样积极地看问题，思考问题，形成正确的思维方式，养成良好的习惯！

空间自处，保持适度的距离

在漫长而又寒冷的冬季，刺猬们全都冻得瑟瑟发抖，因而只好蜷缩在一起取暖。它们相互拥抱，但是刚刚觉得暖和，又马上分开。原来，它们彼此身上的刺扎痛了对方，因而根本无法长久地保持拥抱的姿势。然而没过多久，它们就又觉得寒冷。无奈之下，它们只好再次抱在一起，如此分分合合很多次之后，它们终于找到了一个恰到好处的距离，这个距离使它们既能够相互取暖，又不至于被对方的刺扎伤，因而一举两得，进退自如。

其实，人与人之间也像刺猬一样，需要保持适度的距离。太远了，觉得寂寞难耐；太近了，又觉得被对方锋利的棱角扎伤。在这种情况下，我们唯有与他人保持适度的距离，才能以最佳的姿态与对方相处。虽然人是群居动物，但是毫无疑问，每个人都需要一定的空间自处。在西方国家，很多人排队的时候都会自觉地保持一定的距离，从不会紧紧地挨着他人，否则不但会让他人觉得缺乏安全，也会让自己别扭。细心的人也会发现，当我们与其他人交往过密时，很快关系就会变得恶劣，时不时地就会有矛盾产生，甚至会闹些小别扭。相反，与那些初次见面的陌生人或者关系算不上亲密的人相处时，我们反而更加宽容，彼此间的关系也更加和谐。由此可见，与某人的关系越亲密，越容易经常与其发生摩擦和矛盾，反倒不及与初次见面者交往容易。家庭成员、情侣之间常常相互埋怨，正是这种情况的表现。按理说，应该是交往得越深，就越容易相处，相互之间的人际关系也越好，可事实上并非如此。原因何在？就是因为人们离得太近了，彼此之间毫无距离，以致彼此的缺点毫无掩饰地暴露在对方面前，所以导致关系急速恶化。最典型的表现是在恋人之间。有些恋人在谈情说爱时觉得对方是最完美的，但是等到真正在一起生活之后，却大失所望，矛盾不断。其实，这一则是因为彼此的关系变近了，二则也是因为双方都缺少一颗包容的心。毕竟，人无完人，我们必须怀着更加宽容的心态，才能处理好人际关系。

作为法国前总统，戴高乐非常注意保持与他人之间的距离。就算是和仆人之间，戴高乐也总是小心谨慎地保持着距离，他曾说过：“仆人的眼中没有英雄。”从这句话不难看出，即使是伟大的人，一旦与他人之间亲密无间，也会失去神秘感，变得平凡无奇。因而，在担任总统的十几年时间里，戴高乐不管是与仆人，还是与智囊团、参谋、秘书等人，都始终保持着距离。为了保持距离，戴高乐甚至每两年换一次办公厅主任。对此，很多人都感到不解，戴高乐却说，首先，调动工作是非常正常的事情，就像铁打的营盘流水的兵一样，没有人能在一个职位上干一辈子。其次，他不想让任何人依赖于他，恨不得在他身边工作一辈子。他认为，唯有保持人员的流动性，才能保持整个团队不停地注入新鲜的血液，不会有任何思想僵化的现象出现；而且，这样能防止腐败，有效避免那些在他身边工作的人打着他的旗号徇私舞弊。就这样，戴高乐的身边很少看到眼熟的面孔，他总是不停地更换着自己团队的血液，使其保持新鲜和朝气蓬勃。

作为法国的总统，戴高乐尚且如此谨小慎微，更何况是我们普通人呢！其实，任何人之间都需要保持适度的距离，倘若上司与下属之间没有距离，则下属就会对上司失去尊重和崇拜的感觉，甚至会不以为然地干涉上司的决策。反之，假如师长和学生之间没有距离，则学生就会与师长过于亲密，甚至不把师长的教诲放在心里。即使是普通人之间，如果不能保持适度的距离，也会导致他们之间失去由距离产生的美，导致彼此间矛盾频发，争执顿起。如此一来，我们又如何能够更好地与他人相处呢！由此可见，不管你与他人之间是何种关系，不停地根据现实情况调整彼此间的距离都是非常有必要的。所谓距离产生美，距离也是人与人之间的关系得以建立和更好地发展的基础。

曾经有位心理学家进行过一项特殊的实验。即在一间宽敞的阅览室中，只有一名读者正在静读。心理学家走进去，虽然有很多座位，但是他并没有坐，而是径直走在那个读者旁边坐下。最终，大部分在不知情的情况下被实验的读者，都迅速调整座位，坐到远离心理学家的地方。他们之中，甚至有人满怀戒备地问："你要干嘛？"由此可见，在空旷的地方，任何人都难以忍受与陌生人近距离接触，这会使人们感到深深的不安。人与人之间需要距离，这一定的空间给了彼此独处的自由，也使人从心理上感到安全。反之，一旦自己的安全距离被侵犯，人们就会感到恼怒，甚至无法忍受。

不管什么时候，我们都要学会与他人之间保持合理的距离。尤其是亲密的爱人之间，常常有人觉得既然相爱就应该毫无隔阂，殊不知，越是相爱的人之间，越是应该保留适度的空间。否则，过分热烈和占有欲强烈的爱，一定会使人觉得手足无措，甚至感到万分沮丧。

享受孤独，不以孤独为苦

画家在作水墨画的时候，总会适当留白。不懂的人觉得空着太可惜，懂的人才能读懂那份寂寞的意味。假如一副水墨画密密麻麻全被画满了，一定会韵味全无，也无法博得知音的赏识和喜爱。在熙熙攘攘的人海之中，你可曾感受到自己的寂寞？很多时候，我们无法面对自己的寂寞，因为害怕孤独。殊不知，孤独是一首无声的歌。假如你懂得其中韵味，自然能够成为怡然自乐的独唱者。否则你就会被孤单死死缠绕，甚至觉得无法喘息。

有的人说孤独是喧嚣之后的沉默，有的人说孤独只是个人的一种心境，还有的人说孤独是无言的寂寞，是一种深刻的悲哀。其实，从本质上来说，孤独是一种心境，是人们对于当时当刻最深刻的感受和领悟。现代社会，人们的生活节奏越来越快，工作压力越来越大，很少有人能够真正地享受孤独了。也因为习惯了喧嚣烦扰的世界，人们变得很害怕独处，害怕面对自己的内心。真正的智者，会让自己从忙碌之中休闲下来，从喧嚣之中安静下来。只有当整个世界变得安静时，我们才能坦然面对自己的心灵，进行一次自我的跋涉。

和与朋友欢声笑语相比，孤独更是一种难得的乐趣。喜欢独处的人往往越是置身于人群之中越觉得落寞，恰恰是因为他们失去了孤独的乐趣。朋友们，当你感到孤独时，千万不要随意打断自己的沉默和无言。不如就让孤独包围我们吧，你会发现自己就像曾经在母亲的子宫里一样自由闲适，丝毫不觉得无聊和空虚。

当黎明的曙光还未到来，你一个人静静地站在一片漆黑的窗前，看着远处群山模糊的轮廓，遥望着远处的街道上斑驳的灯光，此时此刻你并不孤独；在满天繁星的暗夜，你站在落地窗前，手中端着一杯红酒，遥敬天空中皎洁的月亮，你也不会觉得孤独寂寞。此时此刻，宁静将你包围，你沉浸在独处的快乐之中，你享受这份孤独，并且不以孤独为苦。很多时候，孤独并非寂寞的代名词——即使置身于喧嚣的人群之中，你也有可能很寂寞，因为，你需要的是能够与你心灵相交的朋友，而不仅仅是僵硬地挂在脸上的微笑，或者是人与人之间言不由衷的话！

很多时候，孤独自有一股清亮的意味。打个比方，孤独就像是一杯清亮的冰水，那么纯净，毫无杂质，那么冰灵，就像是具有了生命一般。孤独又像是皎洁的白雪，它们从天空中飘飞而下，就像宇宙间的小精灵，带给大地勃勃生机。朋友们，当你感受到孤独时，千万不要急于打破这份宁静。孤独的时间是那么珍贵，简直一分一秒都万分难得。孤独的你是这么安静，静得能够听到自己心跳的声音。与其抗拒孤独，不如坦然享受这份孤独吧。正因为这孤独的存在，我们才能在每一个雪花飘飞的日子里，都感受到发自内心的温暖和安宁！

独处，是一种来自心底的从容和笃定

一花一世界，一叶一菩提，一个人就是一个宇宙。如果你此时此刻还没有了解自己的小宇宙，那么你应该经常独处，这样才能反省自身。独处不但是一种境界，是一种洒脱的心态，更是一种来自心底的从容和笃定。没有强大的气场的人，往往很难从独处中发现乐趣。他们喜欢喧嚣的世界，害怕面对自己虚弱的内心。独处者则完全不同，他们万分珍惜独处的机会，并利用这个机会反思自身，洞察自我。写到这里，笔者突然发现自己已经很长时间没有独处了。所谓的独处，还得追溯到大学毕业之后、结婚之前的那段美妙时光。那时候，也许恋人陪伴身侧，也许偶尔分别，又因为与父母分开居住，也没有孩子的拖累，所以常常能够独处。也许婚姻对于男人的改变很少，对于女人的影响则甚为深远——在结婚之后，先是有了孩子的负累，接着父母也来到身边一同照顾孩子，如此想来，自从有了小尾巴之后，居然从未有过真正意义上的独处。所谓的一个人待着，也只是片刻的休息而已。由此，我渐渐疏远了自己的内心，再也听不到发自心底的声音。独处，就这样成为奢侈的享受。

所以，朋友们，在能够独立生活且没有家庭负累之前，好好享受独处的乐趣吧。你们是多么富有啊，因为你们可以随心所欲地自己待着，而丝毫不用考虑他人的需要和感受。这样一份洒脱、从容和自由，也许很快就会一去不返。而你，也会渐渐对自己越来越陌生，根本没有时间认真仔细地看一看自己。心灵就这样渐渐荒芜，变得杂草丛生，空虚无比。

通常情况下，喜欢独处的人大多拥有充实的心灵。他们既然面对孤独也不觉得寂寞，其对于生活的感受和体验必然都是细致入微的，生活的经验也必然是非常丰厚与充实的。独处的时候，我们不但可以静心凝思，也可以拿起笔来书写自己的情绪和感受，还可以提笔作画，或者独酌一杯红酒。总而言之，一个人如果不会独处，内心必然空虚乏味。大多数喜欢独处的人，都能够从独处中自得其乐，这样的人因为善于与自己交往，所以从不会迷失自我，更不会忘却初心。

每个人都需要学会独处，独处是人们的生存之道。也许有人会说，现代社会中的人际关系至关重要，可没有与自己相处这一条。假如你这么想，你就大错特错了。试问，如果一个人连与自己都相处不好，又如何与脾气秉性、成长背景和教育经历、生活经验等等都各不相同的他人相处呢！如果说人与人之间的交往需要坦诚相待，那么独处时就更需要以真诚作为基础。任何情况下，我们都必须不遗余力地深入了解自己，探索自己的内心世界，这样才能更加把握自己的内心，从而与他人更好地交往。由此可见，独处不但事关我们的心灵，也与我们的人际关系密切相关。

在独处的过程中，与其放弃自我的欲望，不如坦然面对欲望，梳理自己的欲望，这样才不至于因为压抑欲望而导致自己迷失本性。人，既有天生的美好和善良，也有天生的邪恶和缺憾，我们只有坦然面对自身，才能接纳整个世界。朋友们，如果你最近觉得很累，或者觉得心神涣散，不如找个时间面对自己吧！也许，你会发现面对自己得到的远远比面对这个世界得到的更多！

走出空虚，找到充实的生活

一个人如果能够坦然独处，就说明他的内心是非常充实的。他可以坦然面对自己的内心，从不担心内心的空虚和寂寞让他无所适从，相反，在独处的时候他感受到安静的快乐，因而总是能够帮助自己走出空虚，找到充实的生活。

很多人天生害怕独处，例如，有些婴儿一旦看不到成人在身边，就会感到不安全。殊不知，安全来自于自己的内心。相反，有些婴儿则天生恬然安静，他们醒来之后可以独自玩耍很长时间，左看看右看看，发自内心的安全感使他们根本不会畏惧。长大成人之后，有些人依然害怕独处。他们总是喜欢往人多的场合去，似乎只有在人多的地方，耳朵里充斥着各种吵杂的声音，眼睛里看到纷扰的人间俗世，他们才能感到安心。不得不说，这样的人很怕面对自己的心灵，也因为心灵的空虚，所以无法依靠心灵的充实度过独处的时间。

平日里在与他人相处时，我们总是面带微笑，既然如此，我们在与自己独处时，也不应该愁眉苦脸。一个人唯有独处时安然自在，与他人相处时才能内心恬然淡定。倘若面对自己都心神不宁、语无伦次，与他人交往又怎能顺利呢！人生之中不如意十之八九，任何情况下，我们都要充实自己的内心，这样才能让自己变得强大。否则，一旦我们内心世界轰然崩塌，我们又如何面对外在的世界呢！

生活中，常常有些人被孤独打倒，不战而降。其实，孤独只是个人的一种心境而已。假如我们能够摆正心态，坦然面对人生的得失，也能够淡定从容地面对他人和外界，孤独就不会成为打败我们的武器，反而有利于我们面对自己的内心，反思自己的人生，升华自己的人生。

要想避免被孤独打败，我们就要充实自己的内心。那些生活空虚的人尤其害怕孤独，其实他们主要是害怕无事可做，也担心时间没法打发。在这种情况下，最好的办法就是发展自己的兴趣爱好，让自己变得有事可做，如此一来，我们便会觉得时间也变得宝贵。试想，当时间不够用的时候，你还会害怕独处吗？只怕会特意安排时间独处，面对自己的心灵呢！除此之外，有的人害怕孤独，是因为内心的空虚寂寞。现代社会提倡人们活到老学到老，不但是指要学习生活和工作的技能，也是指应该不断充实自己的心灵。诸如经常阅读人类宝贵的精神财富——书籍，或者学习一些怡情养性的技艺，诸如插花绘画等，这些都能帮助我们排遣寂寞，缓解孤独。

孤独也是一种难得的清闲。现代社会，每个人都行色匆匆，不是奔波在上下班的路上，就是奔波在约会、聚会的路上，即使偶尔休闲在家，也会盯着电脑、手机、电视等等电子产品目不转睛。需要注意的是，当你被这些电子产品绑架之时，你无法享受孤独的乐趣，因为你的耳目视听都已经充满了这些噪音和纷乱的图像。朋友们，真正的孤独，是安静，是宁静，是享受，也是静心。从现在开始，让我们发现孤独的美吧，当你真正学会享受孤独，你的人生也会因此而变得与众不同。

第 08 章

懂得自爱，是人生浪漫史的开端

每个人要学会爱自己。可能我们并不十分清楚何谓爱自己——其实，爱自己，就是尊重自己，激励自己。面对路途的辛苦与颠簸，我们要更加爱自己，激励自我，这样我们才能信心倍增，去获得属于自己的人生。

解开自卑的枷锁，重新认识自己

我们身处一个开放和竞争的年代，人际交往得越发频繁，这要求我们拥有驾驭自我情绪的能力。然而，我们不难发现，生活的周围，一些人时不时地会感到自卑，这样的人，即使有再多的才华，恐怕也难以获得广阔的施展空间。

心理学教授说，自卑是一种消极的自我评价或自我意识，即个体会因为自己某些方面不如人而产生一些对自己不信任的消极情感，而自卑感就是对自己的能力、品质、外貌等各个方面的评价都偏低的一种消极的自我意识。具有自卑感的人总认为自己事事不如人，容易自惭形秽，丧失信心，进而悲观失望，不思进取。一个人若被自卑感所控制，他不仅看不到自己的长处，无法发挥自身的创造力，其正常的精神生活也会被束缚。

社会心理学家经过跟踪调查发现，在人际关系交往中，心理状态不健康者，往往无法拥有和谐、友好和可信赖的人际关系，在与人相处中，他们既无法得到快乐满足，也无法给予别人有益的帮助，而主要原因就是他们无法做到正确地自我认知。

生活中的人们，如果你也是个内心自卑的人，那么，从现在起，你必须重新认识自己，解开自卑的枷锁，找回自信。

1942年，史蒂芬·威廉姆·霍金出生于英格兰。很难想象，年仅20岁的他就患上一种肌肉不断萎缩的怪病，整个身体能够自主活动的部位越来越少，以至最后永远地被固定在轮椅上。可他并没有因此而中断学习和科研，一直以乐观的精神和顽强的毅力攀登着科学的高峰。

霍金毕业于牛津大学，毕业以后，他长期从事宇宙基本定律的研究工作。他在所从事的研究领域中，取得了令世人瞩目与震惊的成就。

在一次学术报告上，一位女记者登上讲坛，提出一个令全场听众感到十分吃惊的问题："霍金先生，疾病已将您永远固定在轮椅上，您不认为命运对您太不公平了吗？"

这显然是个触及伤痛、难以回答的问题。顿时，报告厅内鸦雀无声，所有人都注视着霍金，只见霍金头部斜靠着椅背，面带着安详的微笑，用能动的手指敲击键盘。人们通过屏幕上缓慢显示出的文字，看到了这样一段震撼心灵的回答："我的手指还能活动，我的大脑还能思维；我有我终生追求的理想，我有我爱和爱我的亲人和朋友。"

报告厅里响起了长时间热烈的掌声，那是从人们心底迸发出的敬意和钦佩。

科学巨人霍金再次向我们证明：即使你满身缺点，你还有可以引以为豪的优点，这些优点一样可以让你自信。

德国人力资源开发专家斯普林格在其所著的《激励的神话》一书中写道："人生中重要的事情不是感到惬意，而是感到充沛的活力。”“强烈的自我激励是成功的先决条件。”所以，学会自我激励，就是要经常在内心告诉自己，我相信自己可以做到。如果你的心被自卑掩埋，那么，你已经输了。有自信，那么即使面对逆境，也能泰然自若。这种强而有力的信心，事实上便是来自于自信。换言之，自信是力量增长的源泉。

一般情况下，人们的自我评价，往往是根据自己和他人的评价两个方面产生的。然而，有的人在与他人比较的过程中，常喜欢拿自己的短处与别人的长处比，而结果往往是自惭形秽，越比较越觉得自己不如人越比越泄气。只看到自己的不足，而忽视自己的长处，久而久之就会产生自卑感。

自卑并不是一种情绪，而是一种长期存在的心理状态。有自卑心理的人，在行走于世的过程中，他们的心理包袱会越来越重，直至压得人喘不过气，让人心情低沉，郁郁寡欢。因为不能正确看待自己、评价自己，他们常害怕别人看不起自己而不愿与人交往，也不愿参与竞争，只想远离人群；他们缺少朋友，甚至自疚、自责、自罪；他们做事缺乏信心，没有自信，优柔寡断，毫无竞争意识，享受不到成功的喜悦和欢乐，因而感到疲惫、心灰意冷。

因此，我们要培养和提高自己的情商，首先就要消除自卑感，而消除自卑感的第一步，就是要看到自己的独特之处。每个人都是完全不同的个体，没有任何人是一无是处的，自信是一种认知的开始，因为，只有透过自我观照，才能了解自己的专长、能力和才华，这样，你的自信便会不断储备，自卑也就无处遁形。

另外，我们还可以借助以下方法来消除自卑感：

1. 运用补偿心理超越自卑

这种补偿，其实就是一种“移位”，即为克服自己生理上的缺陷或心理上的自卑而发展自己其他方面的长处、优势，以赶上或超过他人的一种心理适应机制。正是这一心理机制的作用，使自卑感成了许多成功人士奋斗的动力，成了他们超越自我的“涡轮增压”。

2. 昂首挺胸，快步行走

许多心理学家认为，人们行走的姿势、步伐与其心理状态有一定关系。懒散的姿势、缓慢的步伐是情绪低落的表现，是对自己、对工作以及对别人不愉快感受的反映。步伐轻快敏捷，身姿昂首挺胸，会给人带来明朗的心境，会使自卑逃遁，自信滋生。

3. 学会微笑

我们都知道笑能给人自信，它是医治信心不足的良药。如果你真诚地向一个人展颜微笑，他就会对你产生好感，这种好感足以使你充满自信。正如一首诗所说：“微笑是疲倦者的休息，沮丧者的白天，悲伤者的阳光，大自然的最佳营养。”

总之，你要随时告诉自己：我是自信的，我是美丽的，我有实力，我的专业能力是最棒的！你必须有自信心，对认准的目标有大无畏的气概，怀着必胜的决心，主动积极地争取！

找到成长驱动力，欣赏自己

如果一个人太自卑，看自己哪里都是缺点，那么，他内心的气恐怕是发泄不完的，源源不断，或许，每天的生活除了自卑就是自卑。子曰：“不患人之不知己，而患人之不己知。”对于一个人来说，最可怕的事情就是自己不够了解自己，乃至不懂得欣赏和肯定自己，因为有时候那些莫名其妙的怒火其实是源于内心的自卑。自卑者习惯对自己挑剔，总是觉得这里不满意，那点也不如意，诸如，身高不够高，身材不够性感，脸蛋不漂亮，家庭条件不够好，等等，这一切都可以成为他们自卑的理由。对此，心理专家建议我们学会肯定并欣赏自己，千万不要自卑。

有一个衣衫不整、蓬头垢面的女孩，她长得很美，不过，总是表现得满脸怨气。有人跟她聊天，她也显得心不在焉，聊天的人都沉默了。有一天，一位心理学家惊讶地告诉她：“孩子，你难道不知道你是一个非常漂亮、非常好的姑娘吗？”“您说什么？”姑娘有些不相信地看着对方，美丽的大眼睛里有泪，更多的是惊喜。原来，在生活中，她每天所面对的都是同学的嘲笑、母亲的责骂，在这样的过程中，她已经失去了自信，而自卑则成为了她怨气的根源。

事实上，每个人都不是完美的，可能在我们的身上有一些可爱的缺陷，但是，无论是缺点还是优点，那都是我们自己，我们首先应该接受并欣赏自己。即使在某一方面做不到绝对的完美，那又有什么关系呢？我们根本没有必要把它当作一个内心自卑的理由，否则，除了生气，我们就没有别的时间和精力来做其他的事情。

林黛玉刚刚进荣国府的时候，书中对她有一句评语："心较比干多一窍。"后来，林黛玉看到史湘云挂了金麒麟，宝玉最近也得到了一个金麒麟，林黛玉便开始生气："便恐就此生隙，同史湘云也做出那些风流佳事来。"于是，林黛玉便去偷听，结果却听到了宝玉厌烦史湘云劝他留心仕途经济的话，宝玉说："林妹妹不说这样的混帐话，若说这话，我也和他生分了。"黛玉听到这样的话，心中"不觉又惊又喜，又悲又叹。所喜者，果然眼力不错，素日认他是个知己。所惊者，他在人前一片私心称扬于我，其亲热厚密，竟不避嫌疑。所叹者，你既为我之知己，自然我亦可为你之知己，既你我为知己，则何必有金玉之论哉；既有金玉之说，亦该你我有之，则又何必来一宝钗哉！所悲者，父母早逝，虽有刻骨铭心之言，无人为我主张。况近日每觉神思恍惚，病已渐成，医者更云气弱血亏，恐致劳怯之症，你我虽为知己，但恐自不能久持；你纵为我知己，奈我薄命何！"

有一次看戏，大家都看出那个演小旦的有点像林黛玉，只是都不肯说，史湘云却是快人快语，一下子就说了出来，林黛玉感觉到自己受辱了，马上就生气了。怕黛玉生气，宝玉使眼色给史湘云，本来宝玉是一片好意，黛玉却是更加生气。

后来，黛玉说起宝琴来，想到自己没有姊妹，不免心中怨气，又哭了，宝玉忙劝道：“你又自寻烦恼了，你瞧瞧，今年比去年越发瘦了，你还不保养，每天好好的，你必是自寻烦恼，哭一会，才算完了这一天的事。”黛玉拭泪道：“近来我只觉得心酸，眼泪却好像比旧年少了些的，心里只管酸痛，眼泪却不多。”宝玉说道：“这是你平时哭惯了心里疑的，岂有眼泪会少的！”

林黛玉自己也明白，自己的病是因性情所起，但是，她并没有为之作出改变，真是令人叹息。虽然林黛玉各方面条件都不差，但是，她的父母都已经不在人世，自己又寄人篱下，心中未免有点自卑，这成为了其怨气的根源。在林黛玉身上所体现出来的特点是：既才华出众，却又多疑多惧。很多时候，她不懂得欣赏自己，自然就没有办法快乐起来，以致怨气越来越重，最终成为了一种病。2007年，林黛玉的扮演者陈晓旭因患乳腺癌去世，中医有这样一种说法：乳腺癌是因为气郁于胸。或许，是陈晓旭扮演林黛玉入戏太深，或许是天性使然，她的性格与林黛玉十分相似，因而，最终也落得个香消玉殒的结局。

摆脱自卑，我们可以这样做：

1. 欣赏自己的与众不同

索菲亚·罗兰刚刚进入演艺圈时，制片商给予了善意的

“建议”：“如果你真的想干这一行，就得把鼻子和臀部‘动一动’。”但是，肯定并欣赏自己的索菲亚拒绝了这样的建议，她说：“我懂得我的外形和那些已经成名的女演员不一样，她们都相貌出众，五官端正，而我却不是这样，我的脸毛病很多，但这些毛病加在一起反而会更加有魅力。说实在的，我的脸确实与众不同，但是，我为什么要和别人一样呢？”索菲亚的自我欣赏与肯定并没有令大家失望，后来，她被誉为了世界上最具自然美的人。

2. 夸夸自己

无论自己有着多么独特的缺点，都不要嫌弃它，我们需要以一种欣赏的眼光来看待它，因为这个世界不需要大众化的美，而需要独特的美丽，在这一点上，每一个人都应该相信自己拥有一份与众不同的美丽。请学会欣赏与肯定自己吧，不要总是觉得不好意思夸自己。

激发内在动力，让人生旅途越走越宽

无论平日里我们是什么样的人，我们都有内心充满正能量的时刻：我们也许会充满自信、第一个交卷；我们也许会在众人瞩目的场合发表自己的观点；我们也许会不计前嫌，给曾经伤害过自己的朋友打个电话；当弱者被他人欺负时，我们也许会主动站出来为其讨个说法……当这一刻来临的时候，一定不要退缩，相信那个与平日不同的你，做自己敢做的事，你会找到自信，会获得他人的敬重。

有一天早上，在一所寺庙里，一位法师正好要开门出去，恰巧一个彪形大汉闯进来，狠狠地撞在法师的身上，并撞碎了法师的眼镜。谁知，这个大汉不但没有说道歉的话，反倒说："谁叫你戴眼镜的？"

令大汉奇怪的是，法师不但没有生气，反而笑了笑，不语。于是，他问："喂！和尚，为什么不生气呀？"

法师向大汉解释道："为什么一定要生气呢？生气既不能使眼镜复原，又不能让脸上的淤青消失，苦痛解除。再说，生气只会扩大事端，若对你破口大骂或打斗动粗，必定会造成更多的业障及恶缘，也不能把事情化解。"随后，法师继续说："若我早一分钟或迟一分钟开门，都会避免相撞，或许这一撞也化解了一段恶缘，还要感谢你帮我消除业障呢！"

大汉听完这一番话后，十分感动。后来，他又问了许多佛的问题及法师的称号，在大师的一番教导之后，他若有所悟地离开了。

事情过了很久之后，一天，法师接到一封挂号信，信内附有五千元钱，正是那位大汉寄的。

大汉为什么要给法师寄钱呢？原来，事情是这样的：大汉在读书时，不知勤奋努力，毕业之后，从事的工作也一直高不成低不就，他十分苦恼。结婚后，因为不善待妻子，他的婚姻生活也不幸福。有一天，他上班时忘了拿公事包，中途又返回家去取，却发现妻子与一名男子在家中谈笑，他冲动地跑进厨房，拿了把菜刀，想先杀了他们，然后自杀，以求了断。

不料，那男子惊慌地回头时，脸上的眼镜掉了下来，瞬间，大汉想起了师傅的教诲，这使他冷静了下来，反思了自己过错。

现在他的生活很幸福，工作也得心应手了，妻子觉得他变了一个人。因此，他特地寄来五千元钱，一方面为了感谢师父的恩情，另一方面也请求师父为他们祈福消业。

故事中的法师是令人敬佩的，而这名大汉能及时回头更是让人欣慰。他能在愤怒时克制住自己并最终反思自己的过错，这就是令人崇敬的。

生活中的我们也应该以故事中的大汉为榜样，在一些情况危急的时刻，我们也应该听从心底的声音，让自己成为那个“高大”的人。事实上，那个高大的“自我”经常在我们的生活中出现，在我们不经意间，它会突然出现，使你感到自己是高尚的、伟大的、勇敢的。我们一定要珍视这样的时刻，并让那个“高大”的自我引导我们，如此，我们的人生旅途就会越走越宽。

那么，我们该怎样做那个高大的自我呢？

1. 为他人提供快乐

阿瑟·赫尔普斯曾经说：“许多人知道如何享乐，却不知道自己从何时起已不再向别人提供欢乐。”如果我们能为他人提供欢乐，那么，我们的内心一定会更充盈，因为这种快乐是纯粹的，是物质享受所不能代替的。

2. 助人为乐

生活中，我们每个人都有种英雄情结，当他人对某个问题束手无策时，如果我们能主动站出来，不费吹灰之力地解决了它，那么，对方一定会视我们为“力挽狂澜”的英雄。

因此，当你发现周围的朋友身处困境而你又力所能及时，你一定要伸出援手，为其解决难题。

3. 从心底克服自私本性

自私者是悲哀的，他们总是渴望占有，他们拼命地保护自己的东西，同时又想方设法地掠夺别人；自私者是眼光短浅的，总是在乎眼前的一点点利益，总是认为东西还是抓在手里比较放心。

自私者的心灵是生活在地狱中的，他们也许会感到自私自利的邪恶力量，但他们不知道如何解救自己。其实，要想改变自私的心理，我们需要先调整自己的意识，就如先哲说的：“人生的真谛在于认识自己，而且是正确地认识自己。”生活中，我们需要培养自己的反省意识，并不断反思自己的行为。

总之，无论表面上看你是个什么样的人，珍视经常出现的那个高大的自我，你就能逐渐完善自己，从而获得真正的快乐。

有自己的想法，做独立自主的人

一个人，若不支配他人，就要被他人支配，也就是说，我们只有用支配来反抗被支配。每个人只有破除对他人的依赖、顺从，才能成为他自己，才会找到自我，活出自我。

因此，我们每一个人都要记住一点：人生只属于自己，一味遵循他人的思想，不敢面对真理是懦弱的表现，这样的人生是悲哀的。我们应该成为主宰自己命运的人，走自己的路，走出自己的风格，走出自己的个性，只有如此，我们的人生才会是独特的，才会是精彩的。

公元前209年（秦二世元年），秦政府征发闾左的贫苦农民900人去渔阳戍边。陈胜和吴广被指定为这支队伍的屯长。

这支戍卒队伍途经蕲县大泽乡时，遇到大雨，不能前进。按照秦朝法律，戍卒不按期报到，就要被斩首。在这生死攸关的时刻，陈胜与吴广商议，与其去渔阳送死，不如就地即刻起义。为了发动群众，增强起义的号召力，他们暗暗在帛书上写上“陈胜王”三个字，藏在鱼腹中。戍卒剖鱼腹时发现这一帛书，感到十分惊异。他们又在深夜到附近丛祠中模仿狐狸的声音，高呼：大楚兴，陈胜王。他们用这种鱼腹丹书、篝火狐鸣的方式，证明起义符合天意，说明陈胜已不再是雇农，而是真命天子。

起义的准备工作就绪之后，陈吴二人借押送他们的两个秦尉酒后行凶打人之机杀掉了他们。于是，斩木为兵，揭竿为旗，发动戍卒起义，以“大楚”为号，陈胜自立为将军，吴广为都尉，点燃了中国历史上第一次农民大起义的熊熊烈火。

陈胜、吴广为什么要率领秦末农民斩木为兵、揭竿为旗，发动起义呢？因为有压迫就有反抗，要想获得自由和人权，就一定要反对暴政。

我们都知道，人都是独立的个体，对事物都应该有主观的看法和评价，一味顺从别人的看法，你将找不到属于自己的路。然而，我们的生活中有这样一些人，他们已经习惯了听从他人的意见，甚至缺乏判断力和选择的能力，这样的人又怎么可能获得别人的尊重，又怎么可能独当一面呢？

曾有人说，生活中，最大的危险不在于别人，而在于自身；不在于自己没有想法，而在于总是依赖别人。依赖足以抹杀一个人意欲前进的雄心和勇气，阻止他用自己的努力去换取成功的快乐。依赖会让人日复一日地滞足不前，以致一生碌碌无为。过度依赖，会使我们丧失独立的权利，它是给自己未来挖下的失败陷阱。

一个人，活着就必须要活出自我，就要学会支配自己的大脑，就要有自己的主张，这样才能维持一个人的格调。总之，我们一定要有自己的想法，要有自己的原则，当你自己认为自己的观点是正确的时候，没必要为了讨好别人而迎合别人，也没必要因为害怕得罪人而对别人的要求来者不拒。而如果你是个无主见的人，那么，你就要作出一些改变：

1. 学会表达自己的意见

无论是在工作还是生活中，你都应该主动站起来表达自己的观点。比如，在工作中，当上级征询意见时，你不应该畏首畏尾，而应该大胆地站起来说出自己的看法。即使你的回答不对，你也获得了一个锻炼的机会。再比如，对于家庭中出现的某些问题，你也可以参与到家人的讨论中，也许你的想法能帮助到他们。

2. 学会表达自己的需要

对于你内心的想法，你要学会告诉周围的人，否则，他们便会左右你的想法和观点。

3. 敢于否定他人

独立思考是否定他人、提出不同意见的前提，反过来，做到后者，你也会逐渐学会了独立思考。

当然，你还要记住的是，敢于说“不”并不意味你可以把自己的想法强加于人，因为这并不是真正的自主。你需要认识到的是，一个真正独立自主的人，不仅有自己的想法，而且懂得尊重他人的想法。

开阔心胸，你的眼界也会开阔起来

生活中，既有妄自尊大之人，也有妄自菲薄之人。妄自尊大当然不好，这类人不管什么时候都觉得自己比别人高强很多，因而走路时总是鼻孔朝天，目中无人；妄自菲薄则恰恰相反，妄自菲薄之人不管什么时候都仰视他人，惯于看低自己，总是觉得自己处处不如别人，别人处处都比自己强。就像那些崇洋媚外的人一样，认为西方国家的月亮都比中国的更大更圆，殊不知，这只是自欺欺人罢了。

就像是未雨绸缪一旦过分就涉嫌杞人忧天一样，有些人自诩为谦虚，殊不知谦虚过度就是妄自菲薄。尤其是在现代社会，很多时候都需要我们毛遂自荐，表现出自己最具实力的一面，而不能妄自菲薄，过度谦虚。毕竟酒香不怕巷子深的年代已经过去了，现代社会的人们更讲究表现实力，展示自我。这样才能为自己赢取更多的机会，才能让自己变得更加优秀。如果一个人的眼睛里时时刻刻看到的都是别人的优点和自己的缺点，那么他一定会非常自卑，渐渐地还会心理阴暗，最终失去人生的乐趣和该有的自信，变得畏缩怯懦。

通常情况下，心胸狭隘的人不但容不下他人，也容不下自己。他们常常因为一些莫名其妙的小事而嫉妒他人，偏偏他们眼中的他人又是那么完美无瑕，这让他们陷入恶性循环之中，甚至人际关系也受到影响。如此一来，人生必会充满阴霾。曾经有位名人说，嫉妒就像是毒蛇，会蒙蔽人们的心智和眼睛，使人丧失理智。

很久以前，有个人和他的邻居是死对头，他非常嫉妒他的邻居。不管是他的邻居生了个儿子，还是他的邻居地里的收成好，他都会愤愤不平。有一天，这个人在路上行走的时候，遇到了上帝。他请求上帝："仁慈的上帝啊，您能不能满足我一个愿望呢？只要一个就好。"上帝平日里总是看到这个人因为嫉妒而欺负邻居，因此决定和他开个玩笑，说："当然可以啊。不过我有个要求，就是不管你提出什么愿望，我都能满足，但是你的邻居一定会得到双倍的。"这个人仔细想想，不由得心理不平衡起来，他暗暗说道："我的邻居将会得到双倍？这也太不公平了。假如我得到一块土地，他就会得到两块；假如我得到一箱金子，他居然能够毫不费力地得到两箱，这岂不是太赚便宜了！如果我请求上帝赐给我一个美丽的女人，他岂不是也能得到两个吗？我到底该提出怎样的要求，才能让他比我吃亏呢？"思来想去，这个人突然开口说道："上帝，请您挖去我的一个眼珠吧！"他的话彻底把上帝惊呆了，上帝无论如何也想不到，嫉妒居然如此邪恶，能够让一个人宁可自己失去一只眼睛，也不愿意被邻居占到一丝一毫的便宜。如此损人不利己的事情，在嫉妒的驱使下，居然真的有人去做啊！

在这个事例中，那个嫉妒心强的人为了使邻居占不到半点便宜，甚至比他更惨，居然说出了如此出人意料的请求。面对他的请求，只怕连见多识广、深谙人性的上帝也会觉得万分震惊吧！这就是嫉妒的邪恶力量，它会使人心智混乱，甚至做出让人无法面对的事情来。

从这个事例我们不难看出，要想拥有健全的心智和从容的人生，我们就必须远离嫉妒的毒瘤，否则就会让自己心智混乱，以致无法面对人生的诸多考验。当然，克服嫉妒也是有方法和捷径的，只要掌握方法，而且发自内心地想要战胜嫉妒的心理，就能事半功倍。例如，我们可以更多地关注自身，不盲目羡慕他人；我们可以发展自己的兴趣爱好，让自己的生活变得充实而有意义，这样自然就不会再一味地盯着他人的优点。此外，我们还可以经常旅游，开阔眼界，这样心胸也会变得开阔起来。

第 09 章

乌云后面，依然是灿烂的晴天

随着生活节奏的加快，人们的压力越来越大，面对生活中诸多的不如意，我们没必要过多地计较个人得失，开阔心胸，就会发现天空永远是阳光明媚的，若事与愿违，那就相信上帝一定另有安排。

乐观的态度，是你最好的药

有人说，这世界上存在两种人，划分的标准就是他们对待事物的态度，一种是乐观的人，一种是悲观的人。乐观者，他们的脸上总是挂着微笑，似乎没有事情能难倒他们，因此，他们生活得幸福、坦然；而悲观的人，他们似乎总是把眼光盯在事物坏的一面，于是，他们总是感到低沉，整日郁郁寡欢。你愿意做哪种人？当然是前者，可以说，前者才是高情商的人，因为微笑看待人生，他们总会有好运相伴。

的确，乐观就像心灵的一片沃土，为人类所有的美德提供丰富的养分，使它们健康地成长。它使你的心灵更加纯净，意志更加富有弹性。它就像最好的朋友一样陪伴着你的仁慈，像尽职尽责的护士一样呵护着你的耐心，像母亲一样哺育着你的睿智。它是道德和精神最好的滋补剂。

马歇尔·霍尔医生曾对自己的病人说过："乐观的态度，是你最好的药。"所罗门也曾说："乐观的心态，就是最强劲的兴奋剂。"有一位虔诚的作家，在被人问到该如何抵抗诱惑时回答说："首先，要有乐观的态度；其次，要有乐观的态度；最后，还是要有乐观的态度。"

2003年，"SARS"肆虐时，在北京大学有这样一个学生，他叫陈明，是法语系99级本科生。4月14日晚，陈明感觉自己在发烧，就急忙赶到北大校医院，值班大夫为他测体温，当时是38度多，当晚就让他留在了校医院。第二天，他在校医院做了各种检查，大夫认为很可能只是一般的发热，但是本着对学生负责的态度，他们还是将陈明送到了三院，希望进一步诊断。就这样，陈明住进了隔离病房。后来，陈明安全返校，他曾被怀疑为非典患者，度过了一段隔离生活。

记者见到陈明的时候，这个22岁的大男生笑得一脸灿烂，一幅精神饱满的样子。而在几天前，他刚刚从北大第三医院隔离病房出来。和陈明交谈的过程中，记者发现他的心态积极而又乐观。对于非典，他并不像很多人那样“谈SARS色变”，他的乐观深深地感染了记者。

记者问他，当知道有人传言他是一个非典患者时他怎么想。陈明很乐观地说：“我一直都知道自己其实只是在发烧。即使患了非典也没有什么，虽然是传染病，但治愈率还是很高的。接受隔离并不可怕。”

面对非典，不论是隔离期间还是现在，陈明都想了很多。他觉得北大学生面对非典应该“镇定”。他说，人的一生中会遇到很多重大的事情，有些也许比非典更可怕，因此，没有必要因为小小的非典就如此恐慌。非典是全社会都要去应对的事情，并不只是一个人去面对，我们有理由相信政府，相信社会，相信学校，也更有理由摆脱恐慌的情绪。

陈明说，我们应该了解事实，好好地活着。我们上几辈人经历过战争、饥饿，经历了比非典更可怕的事情，但是他们还是挺了过来。我们这一代人大多从小就娇生惯养，现在应该好好地反省一下自己看待世界的态度。

从北大学生陈明的故事中，我们发现，他是一个积极乐观的人，这也是每个北大人包括生活中的人们应该学习的态度。一个高情商的人，往往能做到面临灾难、痛苦、折磨而依然保持乐观的态度，正如人们说的，经历过风雨，眼里依然都是彩虹的颜色。我们再来看看下面一个生活中的故事：

杨林在单位里是别人眼中最“幸福”的女人，她的幸福，并不是因为她漂亮、物质生活充足，而是她脸上永远绽放着舒心的笑容。刚结婚那年，她身上就发生了一件不幸的事——因为出车祸，她落下了腿部的残疾。但任何一个同事坐在她的身边都会有一种非常舒服的感觉，因为你会被她的那种温和、乐观的情绪所感染。

两个人所组成的家庭里有一部分不完整了，生活中的风风雨雨就可能会“乘虚而入”，但是杨林的家是幸福和温馨的。她和丈夫之间的感情很好，他们的生活非常快乐。而这一切都是因为她的心态是平和的，她的人格是独立的。她从来不把自己看作一个残疾人而给丈夫增添更多的心理压力。当丈夫处于事业上的瓶颈期时，她用她乐观的态度鼓励丈夫重整旗鼓，也因为如此，她获得了丈夫更多的关怀和爱护，这比自己强迫来的要真实和自然得多，也踏实得多。

弥尔顿的《失乐园》上说过："思想的运用和思想本身，就能令天堂变地狱，地狱变天堂。"其实，生活是快乐还是悲伤，选择权在你自己手中。

相信自己能做个乐观的、爱笑的人，相信自己能做个神采飞扬的人，就像杨林，即使残疾，依然选择了让自己快乐、幸福的人生态度——乐观。

日常生活中，丢了钱财，路遇堵车，看起来很倒霉，悲观的人或许会为此懊恼一整天，认为老天对自己不公平，于是非常不开心，在工作生活中都带着这种郁闷的情绪，这对自己有什么好处呢？

反过来，把这些不顺心当作生活中的一部分调料，乐观地看待，你或许会有另外一番心情。抱着这样的态度看待生活，还会有什么不开心的事，还会有什么烦恼呢？

一位著名的政治家说过："要想征服世界，首先要征服自己的悲观。"用乐观的态度对待人生，满世界都是"鲜花开放"，而悲观者看人生，则总是"悲秋寂寥"。同样是春雨霏霏，有人看到的是漫步雨中的浪漫，有人想到的却是潮湿天气带来的不便。同样是漫天繁星，一个心态积极的人可在茫茫的夜空中读出星光的灿烂，增强自己对生活的自信；一个心态消极的人则让黑暗埋藏了自己，而且越葬越深。那么，现在，你准备好做一个积极乐观的高情商者了吗？

不管置身何处，始终心向太阳

毫无疑问，在世界上，太阳是最温暖和光明的所在。因而，很多自然界里的植物都有向阳的习性。最典型的代表莫过于向阳花，也就是向日葵的花朵。在整整一天的时间里，只要有太阳的存在，她的花盘就始终面对着太阳。如果我们也能像一朵朵向阳花一样，不管身处何种境遇，都始终心向太阳，那么我们的人生一定会多几分希望，少几分凄苦。

必须承认，没有任何人的一生会始终一帆风顺。要想避免被心中的风雨侵袭，我们必须胸怀阳光。很多情况下，人们对于生命的感受取决于自己的内心。正如有句民间俗语所说的，有情饮水饱。倘若两个相爱的人在一起，粗茶淡饭也会觉得快乐满足。相反，两个没有爱的人在一起生活，即使锦衣玉食，也会觉得寡然无味。由此可见，我们只有心中怀着幸福，才能更多地感受到幸福。

1880年，海伦出生。当时，她是一个健康快乐的小婴儿，享受着父母无微不至的爱与照顾。然而，仅仅度过了十九个月的美满人生，海伦就在一场突如其来的猩红热中失去了听力和视力，从此完全生活在黑暗的无声世界中。因为听不到任何声音，她的世界从此关闭了，这也导致她失去了语言能力。对于一个一岁半的幼儿来说，这几乎是灭顶之灾。家人感到非常伤心，但是海伦的父母没有放弃希望。等到海伦到了学习的年纪，他们特意聘请安妮·苏利文小姐当海伦的家庭教师。就这样，七岁的海伦开始接受系统的正式教育。在安妮的耐心教导下，她居然用几年的时间学会了说话，还能独立读书。这样一来，海伦的世界再次打开，她与外界产生了交流和沟通。后来，海伦更是凭借顽强的毅力，学会了五种语言，并且读了大量的书籍。后来，海伦凭借自身的努力考上大学，努力提升自己。从二十四岁大学毕业后的六十多年里，海伦到处演讲，用自己的切身经历鼓舞那些迷惘的青年，而且坚持写作，与人分享自己的人生感悟。不但如此，她还竭尽全力地为聋哑人的教育谋求福利，争取让更多和她一样的聋哑人得到更好的教育和照顾。因为海伦的巨大影响力，联合国于一九五九年发起了“海伦·凯勒”世界运动。

对于海伦一生的传奇经历，曾经有很多人都进行了深入的研究。当然，海伦的成功离不开安妮的苦心栽培，但是如果海伦本人放弃希望，只怕安妮再用心也难有成效。对于安妮，很多人都赞美其是“海伦的另一半”。她不但承担了教育和引导海伦的角色，在生活上也无微不至地照顾海伦。如果说海伦是一朵向阳花，那么安妮则是默默陪伴海伦的绿叶，不停地为海伦供给养分，帮助海伦更好地接近阳光，吸取能量。

快乐，理应成为生活的常态，而不是生活的点缀。很多人之所以整日抱怨，并非因为生活给予他们的太少，而是因为他们奢求的太多。若我们能够坦然接受命运的一切赐予，从而坦荡地奔向人生的目标，我们就会感受到更多的快乐，也会感受到阳光和温暖。

想想海伦的一生，面对严重残缺的生命，海伦却活出了属于自己的精彩，我们作为健全人还有什么可抱怨的呢！只要我们心中怀着阳光，我们的人生就永远不会阴云遮蔽；只要我们心中怀着阳光，我们就永远不会失去人生的方向。

人生不如意十之八九，面对一个没有脚的人，我们还能因为没有鞋子而抱怨和哭泣吗？当我们挪开目光，不再紧紧盯着那些生活中的不如意时，相信我们一定会变得更加快乐，也能够切实感受到阳光投射在身体上的温暖舒适。任何情况下，只要生命之花顽强绽放，我们就没有理由放弃希望。从现在开始，就让我们成为一朵真正的向阳花吧！

生活不如意是常态，并非命运的安排

人人都说要淡定从容，更有很多人把“宠辱不惊，闲看庭前花开花落；去留无意，漫随天外云卷云舒”当成座右铭。然而，淡定二字说起来轻轻松松，真正做起来则难而又难。淡定从容绝对不仅是一句口号，更是一种实实在在的心态。要想真正做到淡定从容，不修炼自己的内心是不可能实现的。举个最简单的例子，面对孩子的故意淘气，你能做到心平气和、不恼不怒吗？面对同事之间的钩心斗角，故意设计陷害，你能做到毫不在乎吗？面对亲人手足之间为了金钱和利益而反目成仇，你能不痛心吗？面对这些生活的不如意，我们常常会抱怨。然而，我们忘记了，这些生活的不如意都是常态，并非命运特别的安排。

正如人们常说的，人生不如意十之八九。每个人的人生都不可能始终一帆风顺。尤其是现代社会，生存的压力越来越大，工作的节奏越来越快，每个人恨不得生出三头六臂，才能应付得来。面对这一切，我们如何做到淡定从容呢？要想真正地淡定从容，首先要怀有感恩之心。一个满心都是抱怨的人，是不可能做到淡定从容的。唯有怀着感恩和慈爱之心，对于任何坎坷挫折都坦然接受，不那么敏感和焦虑，才有可能真正心平气和。而心平气和，只是淡定从容的第一步。

就像一首歌里唱的，不经历风雨怎能见彩虹。的确，每次彩虹出现必然是在经历风雨之后，人生的规律也如同这自然界一样。一切的甘甜，都是因为有了辛苦的衬托；一切的美好，都是因为有了丑陋的存在。人生要想收获，也必然是在付出之后，才能品尝到收获的快乐。淡定从容的内心，才能让你在经历风雨时始终满怀期望。

这次评选职称，原本各方面条件已经没有任何问题的詹老师，再次落选了。不得不说，詹老师的确很倒霉。前些年，他因为那些老教师都没有退休，所以一等再等。现在，他好不容易资历等都够条件了，单位却突然改革了评选条件，要让年轻的后起之秀先上。

面对这样的待遇，很多老师都为詹老师打抱不平，而詹老师却以平常心说道："没关系。不管是不是副教授，我不都照样给学生传道受业解惑么？我在乎的是自己对于学生的价值，而不是那个职称。"对于詹老师的自我安慰之词，很多老师表示钦佩，也有一些老师觉得他是在伪装自己。然而，伪装只能一时，不可能一世。没有评上副教授职称的詹老师，依然辛辛苦苦地备课，勤勤恳恳地站在三尺讲台上授课。一年的学习结束时，学校发起了评选"最受学生欢迎的老师"的活动，詹老师赫然名列榜单。对此，詹老师由衷地感到欣慰："学生的认可，就是对我最大的肯定。"就这样，年过半百的詹老师依然与副教授职称无缘，但是这丝毫不影响他快乐地与学生们在一起。

詹老师的淡定从容，是真正的淡定从容。面对大多数人都斤斤计较的职称，尤其是在和工资待遇等挂钩之后，有几个人都能像詹老师这样淡定从容呢？正因为有着良好的心态，詹老师才能一如既往地在三尺讲台上为学生们倾心付出。学生们的眼睛是雪亮的，他们最终给了詹老师至高无上的荣誉。

人生，对于任何人而言，都不可能永远顺遂如意。尤其是当遭遇坎坷和挫折时，淡定从容就显得尤为重要。只有以一颗强大的心面对多变的世事，才可能"宠辱不惊，闲看庭前花开花落；去留无意，漫随天外云卷云舒”。

常怀赤子之心，生活依然纯粹

当你还是小孩子时，你一定把生活想象得无比美丽。那是一个童话的世界，有着童话的布局，也有着童话的色彩，就连房子也是圆顶的，就像你梦中的苍穹。当你还是小孩子时，你一定以为，不管遇到多么艰难的事情，爸爸妈妈都一定能解决。当你还是小孩子时，你从来不知道记仇，更不会委屈自己不哭出声来。你哭也哭得那么大声，笑也笑得那么大声，丝毫不顾及自己的形象，更不会担心别人的抱怨。当你还是小孩子时，你眼中的生活简单而又纯粹，即使有伤害，也是转瞬即逝，不会让你痛不欲生。然而，随着时间的年轮不停地转，你不再是个小孩子。你渐渐长大，开始学会接受伤害，接受隐忍。然而，生活依然需要纯粹，你也要学会原谅那个伤害你的人。

为什么随着年岁的增长，能力的增强，我们反而更容易受到伤害呢？这是因为，你的心眼比小时候变小了。如果你的心眼能够更大一些，如果你能像小时候一样从来不把伤害放在心上，那么你一定会变得更快乐。

生活，总是不能完全如意。当你被朋友的言语和做法伤害，当你遭到家人的误解，让你因为同事的不正当竞争受到委屈，当你被爱人呵斥时，你的心越是敏感，你就会感受到越深刻的痛苦。面对这样的情况，我们应该怎么办呢？有人曾说，原谅别人是一种能力。我们要说，原谅别人，遗忘伤害，是对自己的救赎。一个记性太好的人是不可能拥有洒脱豁达的生活的。因为他的心总是装满沉甸甸的心事，不能如意。既然如此，我们为什么不想想小时候，然后学得像小时候一样呢？当你还是小孩子时，你眼中的生活是什么样的，等到你长大了，不如也这么去做吧。人生原本就非常短暂，又何必因为一些事情让自己平添苦恼呢！

曾经，爱平是医院的护士长。当初，她看到医院里来自农村的临时工小娟很机灵，也勤劳肯干，因而在婆婆生病的时候，特意花重金请小娟到家里伺候婆婆。不想，因为爱平工作忙，每天都早出晚归，她老公张鹏居然与小娟日久生情。等到爱平知道的时候，小娟的肚子已经大起来了。处在弥留之际的婆婆，恳求爱平答应小娟生下孩子，爱平作出了离婚的决定。爱平的心都要碎了，一个人独自抚养儿子长大，再也不愿意听到任何关于前夫的消息。

转眼之间，十几年过去了，爱平已经成为医院的院长。这时，小娟突然来医院找爱平，并且跪在爱平的面前请求原谅。原来，张鹏和小娟结婚几年之后，就因为车祸去世了。不久前，小娟也检查出乳腺癌晚期。为此，小娟想把女儿托付给爱平，因为她在这个城市再也没有任何亲人。一想到十几年前的伤害，爱平就心如刀绞。她无论如何也不能做到面对着小娟和张鹏的女儿生活。但是想到张鹏早已经去世，爱平又觉得这个孤孤单单的女孩太可怜了。后来，爱平把这件事情告诉了儿子，儿子经过好几天的思考，最终慎重地对妈妈说："妈妈，就收留妹妹吧。我马上要结婚就搬出家了，她也正好与你做个伴。"爱平听到儿子如此宽容的回答，欣慰地笑了："儿子，一直以来，我都担心你会恨爸爸，也会因为爸爸曾经对我们的背叛而留下心理阴影。现在看来，你依然充满阳光。妈妈赞同你的做法。"在小娟最后的生命里，爱平一直在尽心竭力地照顾她，还把她接到自己工作的医院，给她最好的药和护理。小娟在离开人世之际，紧紧地握着爱平的手，说："对不起，姐姐，谢谢你。"如此简单的八个字，涵盖了他们一生的纠缠。至此，爱平心中释然，告诉小娟："放心去吧，你们可以团聚了。我会把你们的女儿抚养成人，让她健康快乐。"

一直以来，爱平都活在阴影之中。直至这次帮助小娟，并且承诺抚养小娟的女儿，她的心才真正得到了释然。很多时候，对他人的憎恨会使我们一直活在阴影之中。唯有发自内心的原谅，才能让我们的心得到前所未有的轻松。

要想拥有快乐的人生，就学会原谅吧。想想你曾经纯洁无瑕的生活，你才知道人的一生应该怎样度过。时间，会抚平一切的恩怨，也会帮助我们回归宁静的生活。这一切，都是我们内心最深的渴望。

在角落里绽放美丽，世界给予你美丽回馈

在整个世界都变得越来越喧嚣的今天，假如我们能够安静地活着，这就是一种成功。当我们被问及是否相信明天会更好时，相信我们之中的大多数人一定会毫不迟疑地回答："当然。"然而，若我们在某一天清晨醒来后遭遇不开心的事情，那么我们之中的绝大多数人一定会一整天都闷闷不乐、郁郁寡欢，之前言之凿凿地说的"相信明天会更好"此时已经跑到爪哇国去了。

为什么我们这么容易受到外界的影响呢？归根结底，是因为我们的内心太脆弱，也不够坚定。很多时候，我们左右不了命运。面对命运的青睐、厚爱或者是捉弄，我们只能或者被动或者主动地接受。

所谓的逃避，根本不能彻底解决问题。现代社会，随着生活节奏越来越快，工作压力越来越大，人心也越来越浮躁，整个世界都充斥着杂乱无章的声音和吵闹。倘若再加入我们的抱怨，世界一定会更加不堪重负，我们原本就不够顺利的生活，也必然更加艰难。

在这个浮躁的世界安然绽放美丽，是高情商者最成功的

姿态。朋友们，认清现实的状况之后，你们是否知道该如何主宰人生了呢？任何时候都不要人云亦云，随波逐流，当你在世界的角落里绽放美丽时，相信世界也会给予你最美丽的回馈。

玛丽在丈夫遭遇意外去世之后，整个人生都毁了。她不再积极上进，每天都蒙混度日。有段时间，她甚至开始抽烟酗酒，似乎想要放弃人生。看到玛丽的情况这么糟糕，已经结婚成家的女儿不得不停下工作，撇下丈夫，带着女儿一起住回玛丽家中，照顾玛丽。

为了帮助玛丽恢复生的意志，女儿每天都耐心地陪着她散步、聊天，还会竭尽所能地给她做好吃的，唤起她的食欲。经过一个多月的陪伴，玛丽的状态稍微好些了，女儿也接到了老板和丈夫的最后通牒，这时，玛丽猛然意识到，假如自己再这么颓废下去，也许女儿的人生也会遭到毁灭。为此，她振作精神，对女儿说："女儿，回到你自己的生活中去吧，我能自己照顾自己。"女儿当然不忍心离开孤独的妈妈，思来想去，她花光了所有的积蓄，给玛丽报了一个专门针对老人的环球旅行团。

在这个旅行团里，有很多老人，而且有不少都是独身的老人。在长达两个多月的旅程中，玛丽看到那些独身老人都活得很积极，他们不但谈笑风生，而且有的擅长跳舞，有的擅长唱歌，有的擅长绘画，各有所长，人生都有寄托。玛丽接受女儿的良苦用心，也渐渐变得开朗起来，还结交了很多好朋友呢！这次旅行回家之后，玛丽一改常态，不再颓废，而是利用退休金给自己报了绘画班。女儿知道之后很惊讶，玛丽却狡黠地说："连你爸爸都不知道我喜欢绘画，我从小的梦想就是画家！现在，我终于有时间活出自己了。"

在这个事例中，因为丈夫的突然离去，玛丽感觉到无法面对，所以整个人生似乎都塌了。幸好，她有一个好女儿，给予她无微不至的关心和照顾，哪怕放弃工作和家庭都在所不惜。在女儿的精心照顾下，玛丽渐渐恢复，后来女儿更是花了所有积蓄，为她报了环游世界的旅行团。海洋是疗伤的地方，与诸多老人的接触也使她意识到生老病死是人之常情，因而她才能再次鼓起勇气面对生活，甚至找回了从小的梦想，参加了绘画班，想要成为一个画家。玛丽的这种改变，必然让她的亲人们感到欣慰。

漫长的人生之中，我们难免会遇到各种各样的坎坷挫折，甚至会遭遇突如其来的致命打击。在这种情况下，高情商者会学会面对这种种不测，因为他们知道，无论是惊喜还是惊吓，都是无法逃避的。

其实，很多朋友之所以在人生之中无力面对和承担那些灾难，并非因为缺乏这样的能力，而是因为他们的心不愿意坦然以对。只要摆正心态，端正态度，我们就能坦然面对人生的种种挫折和磨难，也能在此过程中让自己不断强大起来。

对自己微笑，快乐会将生活围绕

朋友这样说："每一个人都在寻找快乐，而只有一个方法保证你找得到它，那就是微笑。人生，不一定每天都能得到快乐，如果碰到了烦恼的事情，记得给自己一个微笑；碰到了令自己生气的事情，给自己一个微笑。微笑，可以令自己产生一种豁达的心态。"对自己微笑，也是一种积极的心理暗示，暗示自己有一份好心情；给自己一个微笑，你会发现生活的美好其实就在心中。微笑，本身就是一种感情交流的美好神态，对别人微笑，体现了一个人热情、乐观的心态；对自己微笑，则是一份乐观的自信，让我们的心灵一直生活在愉悦之中，你会发现，生活中的美好并不一定需要真切地寻找，它其实就在我们心中。

古人云："人生不如意之事十之八九。"在日常生活中，我们总是避免不了一些烦心的事情。微笑，是一种愉悦的表情，当然，每个人都有情感的自然表露，但是，对自己微笑，并不是每个人都能做到的。在人生道路上，既有坦途，也有坎坷荆棘，人们在失败时就消沉低迷，忘记了微笑是什么；在生气愤怒时就歇斯底里，忘记了微笑是什么。失败了给自己一个微笑，生气了给自己一个微笑，以平常心来面对生活中的那些成功与荣誉，你会发现生活其实很美好。在我们身边，有的人会成功，有的人却失败了，造成不同结果的原因在哪呢？

其实，失败者都忽略了最重要的一点，那就是忘记了对自己微笑。

在清水龟之助小时候，他随着母亲到寺院去上香，看到方丈正在清洗新鲜桃子，清水龟之助站定了不想离开。方丈清洗完桃子之后看见了他，就把洗好的桃子递给了他，但他的妈妈认为这样做不好，不让清水龟之助伸手接桃子，并对方丈说："师父你还是自己留着吧，这桃子若是给了他，你就少了一个！"方丈听了之后就笑了："虽然我少吃了一个桃子，但多了一个人享受吃桃的快乐。"说完，方丈便把新鲜的桃子塞到了孩子的手中，飘然离去。

从这以后，清水龟之助就懂得了快乐是可以互相传递的。长大后的他因为生活所迫而成为了邮差，刚开始的时候，他感到很苦闷，但他并不想把自己的苦恼传染给他人，所以，他在工作时自始至终都保持着微笑。不仅如此，为了获得一份愉快的心情，每天早上，他都会对着镜子给自己一个微笑。当他看到许多人在接到信件之后露出开心的笑容，那份快乐又传递给了自己，他觉得邮差这份工作还是挺有意思的。

每天一大早，清水龟之助就用自行车驮着报刊和邮件穿梭于城市的大街小巷，那些凡是接受过清水龟之助服务的居民都特别喜欢他，因为他每天都面带笑容。居民们从他手中拿到信件和报刊的时候，也获得了一份他所传递过来的快乐。他的事迹使得他获得了国家级的奖项——终身成就奖，在这之前，那些获得这个奖项的人都是社会的精英。有的人对一个邮差获得了如此殊荣而感到不解，但是，在得知了清水龟之助的事迹之后，他们改变了自己的想法，纷纷为清水龟之助鼓掌。

在很多人看来，邮差是一份辛苦的工作，而且收入微薄，于是，很少有人会将其作为自己一生的职业。然而，清水龟之助怀着开朗乐观的心态，对自己微笑，一干就是整整25年，成为了日本少数的老邮差之一。成功的时候，需要给自己一个微笑，但我们不可流连太久；失败的时候，更需要给自己一个微笑，以轻松的心态去面对挫折；生气的时候，需要给自己一个微笑，用乐观的心态去战胜内心的不良情绪。对自己微笑，是一种积极的心理暗示，暗示自己没有必要生气。

伟大的发明家爱迪生的工厂曾经失火，导致近百万美元的设备瞬间化为乌有。67岁的爱迪生听到消息后赶到了火灾现场，旁边的员工们认为他看着这一片废墟一定十分生气，谁知爱迪生表现得十分镇静，甚至笑着说："这场大火烧得好哇，我们所有的错误都烧光了，现在可以重新开始了。"

生活就如同一面镜子，你对它哭它就哭，你对它笑它就笑。对自己微笑，我们将收获一份乐观的心态，而这样的心态将帮助我们战胜一切不良的情绪。

梁实秋说："一个人发怒的时候，最难看。"确实，一个发怒的人，脸红脖子粗，龇牙咧嘴，难免会有损自身形象。俗话说："人们一发怒，上帝就发笑；上帝一发笑，人就很难平心静气地去思考。”相比较微笑，发怒的表情实在很难看，所以，就算是为了自身形象着想，我们也要学会对自己微笑，而不能将发怒的表情定格在自己脸上。每一个人要学会微笑，更好地享受生活，只有对自己微笑，快乐才会将生活围绕。微笑，不仅代表着我们的心态，还能够有效地影响他人的心情。所以，学会对自己微笑吧，你会发现生活的美好其实就在自己心中。

虽然我们无法改变事情的好坏，但我们可以改变心情，不管自己遇到了什么，都要学会对自己微笑。

第 10 章
守住内心宁静，才能饱赏沿途美景

谁的人生不是和自由与孤独一起，慢慢度过煎熬的岁月？所以，人活着就应该凡事向好的方面着想。这并非盲目乐观，而是在挫折和挑战中寻找人生突围的缺口和良机。如此，我们就不难发现，只要踏实生活，不甘现状，努力向前，任何逆境都会过去。

快乐是我们的需求得到了满足

人生在世，短短数十载，人们穷其一生，都在追求快乐，这是我们一生追求的终极目标，因为只有快乐才是人生幸福的唯一标准。然而，什么是快乐呢？一般字典上对快乐下的定义多半是：觉得满足与幸福。德国哲学家康德则认为："快乐是我们的需求得到了满足。"的确，快乐是一种美好的状况，也就是没有不好或痛苦的事情存在，你觉得个人及周围的世界都挺不错。也就是说，我们的生活快乐与否，完全决定于个人对人、事、物的看法如何，即我们生活得怎么样，是由我们对生活的态度决定的。如果你的头脑中充满快乐的思想，那么，你的生活就是欢乐的；而如果你整天都在想那些伤心的事，那么，你始终不能释怀。人生短暂，快乐是一生，悲伤也是一生，那么，为什么不选择快乐地活着呢？如何选择，这完全取决于做人的心态，正确的做法就是不断地培养自己乐观的心态，远离悲观！

一个农夫家里有两个水桶，它们一同被吊在井口上。其中一个对另一个说："你看起来似乎闷闷不乐，有什么不愉快的事吗？"

"唉，"另一个回答，"我常在想，这真是一场徒劳，好没意思。常常是这样，刚刚重新装满，随即又空了下来。”

“啊，原来是这样。”第一个水桶说，“我倒不觉得如此。我一直这样想：我们空空地来，装得满满地回去！”

在现实生活中也是如此，处于同样的环境之中，有人觉得快乐，有人深感不幸；两个人同时望向窗外：一个人看到星星，一个人看到污泥。这代表着两种截然不同的态度。

我们不难发现，那些懂得享受快乐、享受人生的人，都是忙碌的、有活力的、性格外向的人，而他们之所以快乐，是因为他们选择了快乐。可见，选择快乐让我们拥有好情绪。反过来，如果我们选择用一种抑郁的心情去体味人生，那么，我们的一生也会充满折磨和煎熬。

的确，生活毕竟是生活，它就如一枚绿橄榄，慢慢咀嚼，既有清泉般的甘醇，也有难以诉说的苦涩。如何去坦然面对这迎面而来的一切，人人都有自己的方法。但唯有保持身心愉悦，热爱生活，才不至于活得太沉闷，太矛盾。内心淡定的人即使遇到不快之事，也会以忘却的方式来洗涤心灵，让自己的心灵更纯净，从而接受转身而来的快乐。

很多时候，人们都是在为过去所累，过去的冤怨，过去的争吵，过去的误解，过去的情感，包括过去的辉煌与荣耀。其实那些不过只是飞过头顶的一片云彩，飘过眼前，便云消雾散。懂得忘记不快的人是豁达的、成熟的、美丽的。

无论你是否富有，无论你有怎样的社会地位，你都免不了烦恼——尽管你也深知烦恼都是自我的——因为人是现实的，不是超脱凡俗的圣人。既然这样，我们就要学会善于淡化烦恼，忘记烦恼。

那么，如何才能淡化和化解烦恼、寻找快乐呢？你可以试试以下方法：

1. 只跟自己比，不和别人攀

可能我们自打记事以来就受到周围人的耳濡目染，对所谓的“成就”“成功”有了一定的概念，在这种压力下，我们努力学习、努力找工作，并且，这种压力随着年龄的增长越来越强烈。而一旦自己落后于他人，我们就会变得自卑、伤心，甚至一蹶不振。

所以，要让自己获得快乐，就要重新审视自己，审视自己当初的标准是不是错了，如今有无进展。如果你真的已经尽了力，相信一定会今天比昨天好，明天比今天更好。

2. 关心周围的人、事、物

假如我们把目光转移到周围的人、事、物上，而不是只看到自己的话，那么，我们的眼界一定会开阔很多。那些以自我为中心的人，之所以永远得不到快乐，就是因为他们永远都不知道满足。

那么，你应该关心什么、关心谁呢？张开眼睛想一想，我们虽然平凡，至少可以帮忙学童上下学，为病人念念书，到老人院打打杂，甚至把四周环境打扫干净……只要付出一点点，你就会快乐些。

3. 学会反方向思考

比如，如果发生了什么天灾人祸，死伤多人，皆为不幸。而对于那些幸存者而言，活着就是最大的安慰。

4. 时间是最好的良药

时间能治愈一切痛苦。倘若你主动从时间的角度来考虑一下，心中对烦恼之事的感受程度可能就会大大减轻。比如，如果你失恋了，刚开始的第一个月，你痛苦万分；第二个月，你心有隐痛；第三个月，你便能走出过去，重新寻找爱情了。

5. 不要逃避

现实已经摆在眼前，我们再后悔、哀惋都无济于事，我们要做到的就是先接受既成事实，然后进行弥补，最大可能地减少损失；过多的后悔、不休的责备，不仅于事无补，还会扩大事端，增加烦恼。

6. 做事件的旁观者

俗话说旁观者清当局者迷，就烦恼之事来说，也是如此。置身于烦恼之中的人，往往执着于一点，甚至钻“牛角尖”，千丝万缕难找头绪，甚至自己无法控制自己；此时，置身局外的旁观者的劝导，往往可以起到指点迷津、淡化烦恼的作用。如果你正处于烦恼之中，你不妨做一下自己的旁观者。

在人生的路上，快乐的情绪是非常重要的。生活是一门艺术，缺少了快乐这支彩笔的渲染和点缀，艺术的色调就会变得灰暗，变得枯燥乏味。通过对生活的悉心观察，我们会发现，快乐具有无穷的能量，蕴藏着强大的生命力和创造力。

真正内心淡定的人才是最后的赢家

生活中，我们常祝愿他人“万事如意”，但这也只是我们美好的愿望，事实上，世事多变，雨雪风霜，人生中有许许多多我们始料不及的事情，但如果我们希望成就一番事业，就必须做到内心淡定，始终朝着目标前进。很多成功者在种种经历后，回望身后的辛酸血泪之路，都会发现，真正内心淡定的人才是最后的赢家。

《孔子家语》里记载：

一天，在众随从的陪同下，楚王出游。半路，他丢了弓，随从说要去找，楚王却说；“不必了，我掉的弓，我的人民会捡到，反正都是楚国人得到，又何必去找呢？”

后来，孔子听说此事，很感慨地说：“可惜楚王的心还是不够大啊！为什么不讲人掉了弓，自然有人捡得，又何必计较是不是楚国人呢？”

“人遗弓，人得之”应该是对得失最豁达的看法了。就常情而言，人都是有喜怒哀乐的，在得到一些利益或者遇到愉悦之事时，人们大都会喜不自胜，甚至得意扬扬；而遇到失意之事时，则表现出懊恼、痛苦的情绪。而那些内心豁达的人却能看淡得失、功过、荣辱，无论遇到什么，他们都能做到心平气和、冷静对待。

其实，人的一生正是因为磨难的出现才精彩。百无聊赖的人生，感受不到成功的喜悦，最终得到的是冰冷的失落。不曾遭遇失意和痛苦，欢乐和幸福只能是表面的，脆弱的；经历磨难，而不能泰然处之，也就永远不会真正地、深沉地实现辉煌的人生。

在追求成功的路上，我们难免会遇到一些痛苦、挫折、磨难，对此，我们应该从容面对，若是困于这种“不如意”之中，终日惴惴不安，那生活就会索然无味。与之相反，如果你能以平和的心态面对，把那些磨难当成人生中的小插曲，那么，灿烂的主旋律必定会为你奏响。

一位很有名气的心理学教师，一天给学生上课时拿出一只十分精美的咖啡杯，当学生们正在赞美这只杯子的独特造型时，教师装出失手的样子，咖啡杯掉在水泥地上成了碎片。学生发出了惋惜声。教师指着咖啡杯的碎片说：“你们一定为这只杯子感到惋惜，可是这种惋惜也无法使咖啡杯再恢复原形。今后在你们生活中发生了无可挽回的事时，请记住这破碎的咖啡杯。”

这是一堂很成功的素质教育课。它告诉我们每个人，困难是无法避免的，任何惋惜与沉沦都改变不了现状，唯有征服可以。

因此，面对失败，你必须要选择你的态度：是消极被动地害怕和逃避，还是积极主动地面对和接受？若你抱持消极态度，那么，你将被局面控制，而你若积极主动，则能反过来控制局面。

如果你希望能够通过自己的努力使自己的能量一点点变得强大，同时让自己变得更完美，就必须选择积极主动的态度，如此，逆境这朵“浮云”自然会被你驱赶出心灵的天空。

从前，有一个脚夫，靠赶驴拉货为生，有头驴跟了他十几年，已经年迈。一天，在运货过程中，这头驴不小心掉进了枯井中，脚夫想尽办法，但都无济于事。最后，脚夫不得不放弃，他想，为什么要大费周折地去救这头年迈的驴子呢？于是脚夫便打算用泥土埋了驴子，免除它的痛苦。

那位脚夫叫来邻居帮忙，他们用铁锹铲起泥土，然后扔进枯井里。这头驴似乎很聪明，它很快便意识到厄运将要降临，因此，它的叫声越来越凄惨。但出人意料的是，过了不一会儿，驴子的叫声便停止了。脚夫心中纳闷，便探头望去，枯井中的景象令他大吃一惊——只见驴子正在抖落身上的泥土，然后站在上面踩踩踏踏，将土慢慢踩实。

就这样，驴子的身体一点点升到井口。最后，在人们讶异的目光中，它彻底跳出枯井，飞快地逃走了。

这个寓言故事中，如果这头驴听从命运的安排，它可能已经被活埋了。幸好这头驴子运用智慧逃离了厄运。

其实，在生活中，那些你遇到的困难和挫折就好比压在人们身上的“泥沙”，只要以锲而不舍的精神将它抖落掉，然后站上去，“泥沙”就变成了成功道路上的垫脚石。

所以说，没有经历过失败的人生不是完整的人生。敢于把困难踩在脚下的人才是真正的英雄，成功属于他们。

的确，宠辱不惊的人在面对生活的快意和失意之时都会有一种淡然的心态，会懂得如何对待与处理问题。

首先，他会明确自己的生存价值，能够以这样的格言来勉励自己：“由来功名输勋烈，心中无私天地宽。”一个人若心中无过多的私欲，又怎会患得患失呢?

其次，他会认清自己所走的路，不过分在意得失，不过分看重成败，不过分在乎别人对他的看法。他会坚信：只要自己努力过，只要自己曾经奋斗过，做了自己喜欢做的事，还有什么放不下的呢?

诚然，有时候，我们会遭遇一些恶劣的命运，但除了认清事实、勇敢接受外，我们还必须努力改变现状，争取走出困境，赢取美好的生活。当然，这个过程必定是痛苦的，因此，保持一份平常心尤为重要，否则，人就会永远在痛苦中打转，找不到解脱的光明之路。

人的一生，会遇到成功，也会遇到失败，有一帆风顺的惬意，也有遭受挫折的沮丧，有不期而至的欣喜，也有排遣不去的惆怅，曲曲折折，是是非非，如何面对，关键是心态问题。调整好自己的心态，真正做到去留无意，可以尝试这样做：

首先，我们需要拥有一颗感恩的心，善于发现事物的美好，感受平凡中的美丽，如此，我们就会以坦荡的心境、豁达的胸怀来应对生活中的每一份酸甜苦辣，让原本平淡乏味的生活焕发出迷人的色彩，同时，我们会发现，磨难与逆境也不过是飘来的“浮云”。其实，挫折也是人生的一笔财富。没有挫折的人生，从某种意义上来说是黯然失色的。之所以说“挫折是人生的财富”，最主要的一点是挫折会让我们变得聪明，变得坚强，变得成熟，变得完美。当然，这首先需要我们经得住挫折。

其次，我们需要拥有一份平常心。人生不可能总是大红大紫，不可能总是处于巅峰状态，也有可能处于低谷，也可能遭遇不顺，这就是人生。但总的来说，人生是平淡的，对待平淡的人生，我们也应该让自己的心静下来。懂得了这个道理，得意时你才不至于猖狂；失意时你才不至于绝望；孤独时你不会心情惆怅。

总之，如你能在荣辱面前泰然处之，在思想修养和意志磨炼上下功夫，勤勤恳恳工作、实实在在做人，便能做到对“荣辱不惊，闲看庭前花开花落；去留无意，漫随天外云卷云舒”有更深更新的感悟。如此，漫漫人生中，你必将减去许多烦恼，增添几多欢乐。

一个人尽可以被打倒，就是不会被打败

生活如同在海上航行，并不总是一帆风顺的。很多时候，我们难以回避那些使人不愉快的事情，它们就像是生活的刺，硬生生地扎在我们的心里，使我们感到坐立不安，如同热锅上的蚂蚁一样焦灼。我们希望生活十全十美，希望能够回避这些烦恼，然而我们总是做不到。微笑，是一种非常愉快美好的表情，当我们的脸上挂着微笑时，我们的心里也挂着微笑。然而，始终面带微笑地面对人生和生活，并非人人都能做到。归根结底，人生不如意十之八九，人生路上既有平顺，也有艰难坎坷。遭遇失败的人们总是沮丧绝望，完全忘记了微笑的模样。尤其是当怒火中烧时，他们甚至歇斯底里，完全丧失理智，更别说微笑了。

我们羡慕很多成功者，觉得他们既然能够登顶人生的巅峰，一定是有过人之处。其实，大多数成功者之所以能够成功，并非因为他们有过人的能力或者胆识，主要是因为他们面对失败和生活的态度。他们对待生活始终非常坚强乐观，因而他们的生活非常美好，他们的人生也更加从容不迫。

实际上，生活的状态很大程度上取决于我们的心态。我们的人生没有失败，正如海明威笔下的桑迪亚哥老人所说的，一个人尽可以被打倒，就是不会被打败。所以，只要我们保持积极乐观的心，我们的生活就会变得更加美好。记住，我们的心

就是我们的世界，我们的心美好，我们的人生和世界都会变得美好。

一个人是否快乐，是否拥有美好幸福的人生，不在于这个人是否有权有势有钱，而在于他的内心是否美好。当我们内心美好，当我们不管对于自己还是他人都面带微笑时，我们就能怀着轻松的心态面对生活，也能够让自己的心中微笑绽放，还能给身边带来幸福快乐。对自己微笑，是一种积极的心理暗示，能够帮助我们变得轻松愉悦，充满信心；对他人微笑，是一种友好，也是人际关系的润滑剂，能够让我们与他人之间的关系和谐融洽，更加美好。

所以朋友们，就让我们心怀美好吧。任何时候，赠人玫瑰，手有余香。我们的心美好了，我们的人生也会变得更加幸福美好。因而，我们一定要始终面带微笑，保持平心静气，从而让我们的生活鲜花遍野，越来越美好。

平平淡淡才是生活的本质

很多人觉得生活寡淡无味，的确，生活就像是一杯白开水，非常平淡，毫无滋味。因而，很多人追求生活得轰轰烈烈，也有很多人追求生活得刺激和新鲜，最终却发现，生活的本质就应该如同白开水一般。举个最简单的例子，很多人都喜欢喝各种各样的果汁、饮料等，然而在真正口渴的时候，才发现白开水才是最解渴的，喝下肚子里也是最舒服的。正如一句歌词唱的，“曾经在幽幽暗暗反反复复中追问，才知道平平淡淡从从容容才是真。”轰轰烈烈之后，我们必然要恢复生活的本真。因为这就是生活的本质，也是我们必须接受的事实和真相。

就像谈恋爱，热恋时期的热情只能维持很短的时间，正如有些心理学家所说的那样，爱情的保鲜期是很短的。唯有在强烈的热情之后恢复感情的常态，让爱情变成亲情相守，这样的感情才是敦厚长久的。生活也是如此，它和爱情一样无法永远保持激烈的状态，唯有平淡沉稳，才能天长地久。偏偏有些人很冲动易怒，因为升职加薪不够满意，就整日怨天尤人；因为别人一句无心的话，就气愤不已；或者因为与他人小小的摩擦，就始终怀恨在心，愤愤不平。这么做，只会打乱我们心中的宁静，使我们更加无法面对人生的起起落落。

有句话很多人都知道——“宠辱不惊，闲看庭前花开花落；去留无意，漫随天外云卷云舒。”对于任何人而言，除了生死，一切都是生命的过客，因此，我们唯有想透了看开了，才能保持人生的平静淡然。繁华过后，必然要恢复寂静和苍凉，漆黑夜晚中的点点繁星，才能让我们寻找到内心的坐标。

大学毕业后，思彤不愿意回到家乡过那种平淡如水的生活，因而他拒绝了父亲四处托关系为他安排好的稳定工作，只身一人背起行囊，来到了南方。起初，他觉得自己是堂堂大学生，所以心态高傲，找工作处处碰壁。后来，他身上的盘缠越来越少，因此他不得不放低心态，最终先去了一家大企业当了一名小小的文员，薪水很低，工作劳累，但是他脚踏实地，任劳任怨。当与大学同学通电话聊天时，同学们都很为他惋惜，遗憾他当初放弃了旱涝保收的铁饭碗。对此，他笑了笑，什么都没有说。

对于这份简单枯燥的工作，他毫不懈怠，而是下定决心要把工作做好。他谦虚勤奋，遇到不懂的问题就请教同事。一次，老板着急去会上发言，但是老板的贴身秘书不在，他主动请缨为老板准备演讲稿。老板就像是发现了一块隐藏的金子，意识到他才华横溢，因而主动提升他为自己的助理。虽然职位上升了，薪水也提高了，但是日子依然波澜不惊。单位里有人下海经商，拉拢思彤和他们一起干，但是思彤拒绝了。对于自己眼下的工作，思彤很满意，也愿意倾尽全力做出一番成就。

后来，思彤不断得到提拔，最终成为公司副总，进入了人生崭新的天地。而当初抱怨公司待遇不好而下海创业的那些同事，非但没有挣到钱，反而把不多的积蓄都搭进去了。至于思彤老家的同学们，全都过着仨饱一倒的生活，白白浪费了大好的青春时光。

生活的确如同白开水，非常平淡，但是我们的心中要有激情，这样才能点燃生活的烈焰。其实，生活的状态并不完全取决于客观，更大程度上取决于我们的主观。只要我们心中有着燃烧的火焰，始终不放弃希望，那么我们的人生就会无比璀璨辉煌。

古人语，乐天知命，故不忧。这句话的意思是说，我们应该怀着积极乐观的心态，顺应天命，坦然接受人生的一切安排。人生之中，任何困难和障碍都只是暂时的，所以我们应该拥有博大的胸怀，悦纳命运赐予的一切，并积极地面对人生。生活中既有得意也有失意，我们应该从容淡定地面对这一切，如此，才能以不变的心态面对万变的人生，才不会被生活的平淡彻底击垮。

坚强面对命运，接受命运的挑战

每个人的人生都会遭受苦难，唯一不同的在于，有些人被苦难打倒了，成为人生的输家；有的人战胜了苦难，成为人生的赢家。其实，我们完全没有必要抗拒和排斥困难，正如一颗话梅糖既有酸涩也有甜蜜的味道一样，人生也是如此。没有人的人生会一帆风顺，只有幸福甜蜜。大多数人的人生，都是苦乐掺半，甚至有人的人生更多的是痛苦。难道这样就要彻底放弃人生了吗？当然不是。命运越是与我们开那些残酷的玩笑，我们就越是要坚强勇敢地面对命运，迎接命运的挑战。

也许有些朋友很羡慕那些成功的人生，而对自己的生活百般不满意，其实，命运并非一成不变的。很多时候，即便置身于相同的环境之中，人们也未必会拥有同样的人生，因为每个人的心态不同。

在美国，有一对孪生兄弟因为一时冲动犯下大罪，被处以三年有期徒刑。看着两个儿子居然要同时坐牢，母亲伤心欲绝，但是又因为孩子的确犯了罪，她根本无力回天。经过一番慎重的思考，母亲决定分别送给两个儿子三十六块积木。这是一份特殊的礼物，因为这对兄弟服刑的时间恰恰是三十六个月。母亲语重心长地对儿子们说："妈妈知道，你们都是好孩子，只是因为一时糊涂，才会触犯法律。妈妈也知道，对于你们而言，这三年的刑期必然非常漫长。为了帮助你们度过这段漫长难熬的时间，我把这两份相同的礼物送给你们，希望你们在服刑期间认真反思自己，戒骄戒躁。每当结束一个月的时候，你们就可以拿出一块积木搭建房子，这样，等到房子搭建好了，你们也就可以重新开始自己的人生了。"

双手接过母亲的礼物，兄弟俩都泪如雨下。他们看着手中捧着的三十六块积木，似乎看到了自己未来三年的人生之路。就这样，他们都带着母亲送的积木开始服刑。哥哥是个急脾气，一进监狱就用所有积木搭建好房子，然后每过一个月，他就拆掉一块积木。弟弟呢，则牢记母亲的教诲，每个月结束时都拿出一块积木搭建房子。转眼之间，三年的刑期结束了，这对兄弟在监狱的大门外，一起与母亲重逢。让母亲万分惊讶的是，哥哥在三年的时间里似乎衰老了十岁，但是弟弟看起来则显得精神抖擞。了解原因之后，母亲感慨地说："哥哥在绝望中度过三年，弟弟却在希望中度过三年。"

对于这对孪生兄弟而言，既然大错已经铸成，后悔显然是于事无补的。他们只能接受法律的制裁，在法律的安排下服刑，从而赎罪。遗憾的是，哥哥没有了解母亲的用意，因而导致自己的三年服刑生涯始终充满绝望。弟弟，则很明智，他每个月都带着希望生活，以减轻自己心灵的负重。正因为如此，哥哥弟弟之间的差距才会如此之大，可想而知，弟弟也必然更容易适应监狱外的生活，尽快开始自己崭新的人生。

人生不能负重前行，不管我们有什么遗憾，也不管我们做错了什么，我们唯一能做的就是减轻自己心灵的重负，从而让自己的人生展翅翱翔。当然，人生艰难，一味地坚持也并不现实。当感到累了、疲倦了的时候，我们完全可以放松下来，让自己变得更加轻松愉悦。就像一首旋律会有高潮和舒缓一样，我们的人生也同样应该保持最适宜的节奏。

让心静下来，放下心中的浮躁

现代高速运转的社会让生活中的我们变得浮躁起来，人们对于充斥在生活中的诱惑的抵抗力也在不断变弱，在喧嚣的都市生活中，能做到静的有几人？也许我们是该反省该去找回被我们丢远的灵魂了。这样，才能让自己的心静下来，思索我们的人生。让心静下来，放下心中的浮躁。上一支檀香，一壶水，一缕清茶，一盏杯。水从高处慢慢冲入杯中，一切仿佛慢了半拍，茶叶在水中的翻转腾挪，一缕香气弥漫出来，心境逐渐随之平静。实际上，人生本如茶，一泡洗净铅华，二泡三泡满品精华，四泡五泡回甘香灭。

一切快乐，没有比祥和更为快乐；一切享受，没有比宁静更为享受。

德国著名哲学家叔本华曾在柏林大学任教，其间，与他同为任教教师的还有黑格尔，但叔本华认为他不过是“徒有虚名的诡辩家”。黑格尔颇受学生欢迎，而叔本华的课堂却无人问津，他只得黯然离开。叔本华后移居法兰克福，在那儿度过了寂寞的晚年。

叔本华的晚年是孤独的，陪伴他的，只有一只卷毛狗，叔本华为其命名为“世界灵魂”。他享受不了寂寞，感到的只是悲凉，即使他那所谓的“全欧洲都知道这本书”再版，也无法改变他内心的孤寂。

叔本华享受不了寂寞，可能也和内心无法宁静有关吧！人们常说：“拥有天下非富有，心灵充实才可贵。”真正内心强大的人往往是那些宁静致远、淡泊明志的人。在喧哗的外在环境下，他们依然能享受那一份属于自己的宁静，不为世事纷扰而忧心。

时间是人生真正的资产，学问是人生真正的财富，健康是人生真正的幸福，智慧是人生真正的力量。《庄子》中有一句话，叫作“乘物以游心”，只五个字，却是偌大的洒脱。放下才是人生的大智慧，是心灵的洗涤剂，放下浮躁，我们才能将狂傲和不羁敛成平淡与朴实，重拾那个最本真的自我，进而远离尘世的喧嚣，以一颗平常的心过好属于自己的生活。

曾经有一位总统，他远离公务和烦琐的生活，来到一间寺庙，他每天的工作只剩下两件事——拜佛和念经。

一天，寺庙的住持来探望他，他很疑惑地问住持：“师父，庙里的桂花为什么这样香？”

住持说：“哪儿的桂花不香呢？”

他说：“总统府的桂花就没有香味！”

住持有些奇怪，问：“总统府的桂花全是从雪岳山移过去的，怎会没有香味呢？”言毕，唤一童子进来。说：“冬天快来了，送一盆夜来香，伴总统念佛。”说完，住持便离去了。

一年以后，住持又来看这位总统，总统指着小茶桌上的夜来香，说：“这盆夜来香想必是名贵品种吧！”住持不解其意，问：“何以见得？”总统说：“它不仅夜里香，白天也香！”住持说：“这是从房前随便挖来的一棵，它不是名品，是不能再普通的一种。”总统说：“过去我家也有一盆夜来香，可是，白天从没有人闻到过香味。这盆不同。”

住持说：“过去一位禅师说过，‘夜来香其实白天也很香，人们之所以闻不着，是因为白天心太躁了！’现在你能闻到香味，可能是心境不一样了。”

后来，这位总统对记者谈起百潭寺的经历和如今的生活，他坦诚自然。记者回去后，写了一篇题为《宁静安详，始知花香》的文章，最后有这么一段感慨：假如你现在感觉到吃什么都不香了；看再美的景致都不激动了；住再大的房子，坐再好的车，都没有幸福感了。一定是你变了，变得离真实的生活越来越远了。这位总统的名字叫全斗焕，1980年至1988年任韩国总统。

这位住持的话让人深有感悟，的确，当我们心情浮躁的时候，又怎能感受到那份宁静的幸福呢？曾经有一个百岁老人谈起他的长寿秘诀：“我每活一天，就是赚一天，我一直在赚。”这就是生命的真谛：豁达，坦然。

尘世中的我们，又是否有这样一种安然、宁静的心呢？你是否深思过：自己是否已被这纷乱的世界扰乱了思绪呢？你还是原本的那个自己吗？

参考文献

[1]崔修建. 我不要我的生活变成将就[M]. 南京：江苏凤凰文艺出版社，2015.

[2]好读. 不将就，才能过上更好的生活[M]. 北京：作家出版社，2016.

[3]毒药姑娘. 生活这件事，再难也别将就[M]. 北京：中国友谊出版公司，2016.

[4]高瑞沣. 仪式感[M]. 北京：北京理工大学出版社，2018.